葡萄健康生产
与贮藏保鲜

罗赛男 张 群 路 瑶 罗彬彬 刘昆玉 主编

U0306801

中国农业科学技术出版社

图书在版编目（CIP）数据

葡萄健康生产与贮藏保鲜 / 罗赛男等主编. --北京：中国农业科学技术出版社，2021.9

ISBN 978-7-5116-5473-1

Ⅰ.①葡… Ⅱ.①罗… Ⅲ.①葡萄栽培 ②葡萄—食品贮藏 ③葡萄—食品保鲜 Ⅳ.①S663.1

中国版本图书馆 CIP 数据核字（2021）第 175238 号

责任编辑	李　华　　崔改泵
责任校对	贾海霞
责任印制	姜义伟　　王思文

出 版 者	中国农业科学技术出版社
	北京市中关村南大街12号　　邮编：100081
电　　话	（010）82109708（编辑室）（010）82109702（发行部）
	（010）82109709（读者服务部）
传　　真	（010）82106650
网　　址	http://www.castp.cn
经 销 者	各地新华书店
印 刷 者	中煤（北京）印务有限公司
开　　本	148 mm×210 mm　1/32
印　　张	6
字　　数	160千字
版　　次	2021年9月第1版　　2021年9月第1次印刷
定　　价	56.00元

序（一）

我国幅员辽阔，水果种类品种十分丰富。葡萄是我国重要的水果之一，栽培历史悠久，春秋时期的典籍《诗经》之《周南》篇里就有"南有樛木，葛藟累之"，而"葛藟"就是一种野生葡萄。由此可见，在2 500多年前，中国土地上就生长着葡萄并明确载入史册。葡萄因其富含丰富的营养，酸甜可口，晶莹剔透，深受消费者的喜爱。

目前，中国种植葡萄的地区遍及全国，葡萄已成为我国栽培分布最广泛的果树树种之一。湖南省自20世纪80年代研究出葡萄的整套避雨栽培技术并推广后，使得湖南省鲜食葡萄的产量和质量有了飞跃性的发展。目前葡萄产业已经成为农业增效、农民增收、农村致富的重要产业，已在2019年被列入湖南省千亿产业中水果产业的重点产业之一。

但是葡萄产业发展的标准化程度不高，机械化水平低，人工成本太高，质量参差不齐以及采后商品化处理和贮运保鲜投入严重不足都是制约湖南省葡萄发展的重要因素。本书主要以鲜食葡萄为例，从葡萄的生物学特性到栽培技术管理，从病虫害防控到采收贮运以及质量安全控制，全程对鲜食葡萄的生产进行技术图解，图文并茂，是一本实用性与操作性极强的工具书。

　　本书主编罗赛男博士是湖南省水果产业技术体系水果质量安全控制岗位专家，张群研究员是湖南省水果产业技术体系水果贮藏加工岗位专家，路瑶农艺师是湖南省葡萄协会常务理事，罗彬彬高级农艺师是湖南省水果产业技术体系试验站站长，刘昆玉副教授是湖南省水果产业技术体系葡萄栽培岗位专家，均是具有丰富实践经验的专家。由他们为大家解读葡萄健康生产技术一定会收益颇多，特作序推荐。

湖南省农业科学院院长　单杨

2021年5月20日

序（二）

2019年底，我国葡萄的栽培面积近72.62万hm^2，居世界第二位；产量1 419.54万t，居世界各国总产量的首位，我国鲜食葡萄占世界总产量的50%。与改革开放前（1978年以前）相比，面积增加了31.1倍，产量增长125.8倍，已真正成为世界葡萄生产大国。葡萄已经成为农民增收、区域经济发展和消费不可或缺的大宗水果之一。

我国南方是改革开放以来葡萄发展最快的产区，作为湖南省最大的南方鲜食葡萄生产基地，常德澧县曾被中国工程院袁隆平院士誉为"南方的吐鲁番"，湖南省地理标志产品"澧县葡萄"驰名中外。澧县盛产鲜食葡萄，主栽品种琳琅满目，仅"阳光玫瑰"栽培面积就达4.7万亩，在市场上深受消费者喜爱。南方葡萄发展的优势明显，尤其是鲜食葡萄，一般比北方要提早上市15～30d。同时南方鲜食葡萄还具有香气浓郁、皮薄肉嫩、水分含量高等优点。南方发展鲜食葡萄缺点也很明显，丘陵山地栽植密度过大，病虫害防控不当，片面追求产量最大化导致化肥、农药、生长调节剂的滥用等，已经造成土壤肥力、果实品质、经济效益的持续下滑。解决上述问题迫在眉睫，必须依靠农业科技实现葡萄健康优质生产。

由罗赛男等主编的《葡萄健康生产与贮藏保鲜》一书，从葡萄的品种特点、园地建设、病虫害防治以及采收贮运等技术环节对葡萄的健康生产进行阐述，最后还附有健康生产栽培技术周年管理表和病虫害管理表，是一本专业性强、操作性强、科普性强的专业技术书籍。特作序推荐。

湖南农业大学教授　石雪晖

2021年5月21日

前　言

　　葡萄作为大宗水果，已成为湖南省近20年来发展速度最快的果树种类之一。据统计，2017年底湖南省葡萄的栽培面积超3.78万hm^2，产量超70万t，全省葡萄年产值近40亿元。

　　鲜食葡萄因其形态美、肉质脆、风味佳、营养丰富，一直深受消费者喜爱，是湖南省实现扶贫攻坚和乡村振兴的重要产业。随着葡萄种植面积的不断扩大。在推广的过程中发现了一些问题，比如标准化栽培程度低、果品质量均一性差、化肥农药施用不合理、优质果率低等。尤其不少种植者为了追求短期经济效益，让非成龄树提前高产、成龄树超高产，往往造成树体衰弱、树势衰退、果品质量下降等一系列问题，严重影响湖南省鲜食葡萄的品牌价值和产业的健康发展。因此，急需建立葡萄健康、安全、优质的栽培技术，引导种植户规范生产、提高品质，助推湖南省葡萄高质量发展，实现产业兴旺。

　　本书的编者都是长期深入湖南葡萄产区进行科技攻关的资深专家，他们从理论深度和实践广度的角度编写此书，从鲜食葡萄的生物学特性、设施栽培技术、病虫害防控、采收贮运以及质量安全控

1

制的角度，全程对鲜食葡萄（尤其是阳光玫瑰）的生产进行技术图解，是一本实用性、操作性极强的工具书。

全书完成以后，单杨研究员、石雪晖教授、钟晓红教授提出了许多宝贵的修改意见，在此深表感谢。本书汲取了国内外同行专家的研究成果，参考了有关论著中的资料，在此对各位同仁及作者表示最诚挚的谢意！本书从整体构思到编写，以及章节划分无不倾注了编写人员的心血，但由于水平有限，还望读者对书中不当之处批评指正。

罗赛男

2021年5月于长沙马坡岭

目　录

第一章 生物学特性

第一节 生长特性

一、根系

葡萄为深根性植物，其根系发达，为肉质根。在温、湿度较高时，常在2～3年生枝蔓上长出气生根。根据繁殖方式的不同，葡萄的根系分为实生根和自生根。用种子繁殖的实生苗的根为实生根，有主根，也有侧根。而生产上利用葡萄枝蔓易形成不定根的特点用枝条扦插、压条繁殖的植株的根系为自生根，没有主根，只有数条骨干根，同时分生出侧根。

在通常情况下，葡萄根系每年除冬季外，其他三季均有一次发根高峰。土壤温度达到5℃以上时，根系开始活动，地上部分开始出现伤流；土壤温度达到12℃时，根系开始生长；土壤温度达到20℃左右时，根系进入旺盛生长状态；当土壤温度超过28℃时，根系将停止生长；当土壤温度下降到-10℃左右时根系即会受冻。

二、枝蔓

生产上根据葡萄枝蔓的生长部位和功能将葡萄枝蔓分为主干、主蔓、侧蔓、结果母蔓、结果蔓、营养蔓等。从地面到分枝处的枝蔓称为主干；主干上的分枝为主蔓；侧蔓是主蔓上的分枝；结果母蔓是着生有花芽的一年生成熟枝蔓（图1-1），翌年能抽生结果蔓；结果母蔓上抽生出的带有花序用以结果的枝蔓称为结果蔓、不带花序或去掉花序用以提供营养的枝蔓称为营养蔓。生产上常将结果蔓和营养蔓称为结果枝和营养枝。

三、叶片

葡萄的叶片（图1-2）为单叶互生、掌状，由叶片、叶柄和托叶3个部分组成。叶片的功能主要是制造营养、蒸腾水分和进行呼吸作用。叶柄能支撑叶片，连接叶脉与新梢维管束，使整个输导组织相连，起到输送养分的作用。托叶着生于叶柄基部，能保护刚形成的幼叶，展叶后自行脱落。

图1-1　一年生枝蔓　　　　　图1-2　叶片

四、芽

葡萄枝梢上的芽是新枝的茎、叶、花过渡性器官，着生于叶腋中，根据分化的时间分为冬芽与夏芽，且这两类芽在外部形态和特性上也有着较大的区别。

（一）冬芽

冬芽（图1-3）是着生在结果母枝各节上的芽，具晚熟性，一般要翌年春季萌发，外层被鳞片包裹，鳞片上着生有茸毛，体型比夏芽大。冬芽不是单纯的一个芽，冬芽内位于中间且最大的一个芽为主芽，主芽四周一般还有3～8个大小不等的副芽。春季抽生的结果枝与营养枝一般由冬芽萌发而来。未萌发的冬芽通常潜伏下来形成隐芽，隐芽寿命长。生产上常通过重剪刺激隐芽萌发，用以更新枝蔓、复壮树势。

图1-3　冬芽

（二）夏芽

夏芽是无鳞片包裹的裸芽，具有早熟性，着生在新梢叶腋的冬芽旁。在当年夏季自然萌发成新梢，通常称为副梢。副梢比主梢的叶片小，生长晚，同时也具有结实能力，可利用其多次结果。

第二节　结果特性

一、花芽分化

葡萄植株的茎生长点分生出叶片，腋芽进而分化出花序原基，由营养生长向生殖生长的变化过程称为花芽分化（图1-4）。花芽分化是由营养生长向生殖生长转变的过程。葡萄的花芽分为冬花芽与夏花芽两种类型，花芽分化一般一年分化一次，有时也一年分化多次。冬花芽和夏花芽两者的分化过程是一致的，只是在分化的时间、速度与程度上有所差别，从而影响花序及果穗的大小与质量。夏芽在新梢摘心以后，分化的速度快且时间短，但是分化不充分，形成的花序小而不充实；冬芽的分化速度慢、时间长，分化较充分。

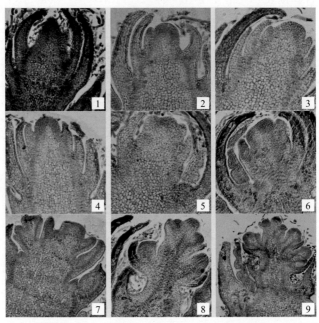

1~3：未分化期，放大倍数均为×100；4~7：花序原基分化期，放大倍数
分别为×100、×150、×100和×150；8~9：小穗原基分化期，
放大倍数分别为×150和×75

图1-4　葡萄冬芽内花芽分化进程

二、花序、花与卷须

（一）花序

葡萄的花序（图1-5）为圆锥形的复总状花序，由花穗梗、花穗轴、花梗及花蕾组成。花序着生在枝条节上着生叶片的对面，分支一般可达3~5级，从花序基部到顶部分支逐渐减少。

图1-5　花序

（二）花

葡萄的花很小，分为两性花、雌能花和雄能花3种类型。两性花由花梗、花托、花萼、蜜腺、雄蕊、雌蕊组成。绝大多数葡萄品种为两性花，具有正常雌蕊和雄蕊，能自花授粉结实。

（三）卷须

葡萄卷须与花序是同源器官，着生在叶的对面，起到缠绕攀援的作用，一般从主梢的第3~6节起开始着生，副梢从第2节起着生。卷须形态有双叉、三叉、四叉和不分叉，也带带小花蕾的多种类型。生产上常将卷须去除，以免其消耗营养和扰乱树形。

三、果穗、果粒及种子

（一）果穗

葡萄开花、授粉后，雌蕊的子房发育成果实，花序发育成果穗。果穗由穗轴、穗梗和果粒组成。穗轴的第一分支形成副穗，果穗的主要部分称为主穗。

（二）果粒

葡萄的果粒是一种浆果，由子房发育而来，分为果梗、果蒂、果刷、外果皮、果肉和种子等部分组成。

（三）种子

葡萄种子由胚珠发育而来，呈梨形。种子由种皮、胚乳和胚构成。种子的外形分腹面与背面。腹面的左右两边有两道小沟，叫核洼，核洼之间有种脊，为缝合线，种子的尖端部分为凸起的核嘴，是种子发根的部位。每个葡萄果粒通常有1～3粒种子。

四、开花与坐果

葡萄开花就是花冠展开、露出雄蕊和雌蕊的过程。葡萄第一朵小花蕾分离时为花蕾分离期；第一朵花开放为始花期，开花达75%时为盛花期（图1-6）；谢花数量达75%以上时为谢花期。葡萄开花和授粉受精后，子房膨大，发育成果实，这一过程称为坐果期（图1-7）。葡萄在盛花后2～3d因花器发育不良，影响授粉受精而出现第一次落花落果高峰，生产上一般称为第一次生理落果期。当幼果发育到直径3～4mm时常有一部分果实因营养不足而停止发育、脱落，这是第二次落果高峰，即称作第二次生理落果期。

图1-6　盛花期　　　　　图1-7　坐果期

五、果实的生长发育与成熟

葡萄坐果后果实开始生长，果实生长过程一般分为果实的生长发育期与果实成熟期。

（一）果实的生长发育期

葡萄从开花坐果后到果实着色前为果实的生长发育期。持续的天数因品种而定，一般早熟品种需35～60d，中熟品种需60～80d，晚熟品种需80～90d。果实坐果后一般经历快速生长期、生长缓慢期、果实膨大期3个时期。果实的体积和重量增长最快的时期是快速生长期，这是果实生长的第一个高峰期，这期间果实绿色，肉硬，含酸量最高，含糖量最低。经过快速生长期后，果实进入生长缓慢期，又称硬核期，这期间果实生长较慢。硬核期过后，葡萄果实进入果实膨大期，又称为生长发育的第二个高峰期，但膨大期的生长速度次于快速生长期，期间果实慢慢变软，可溶性固形物迅速上升，酸度快速下降，为果实成熟做好了准备。

（二）果实的成熟期

葡萄从果实开始变软、着色到果实完全成熟称果实成熟期，一般持续20～40d。由于果胶质分解，果肉软化，葡萄进入此期的标志为果粒变软，果皮着色或色泽变浅。通常是根据果实的可溶性固形物含量、品种固有的色泽来判断果实成熟期。阳光玫瑰可通过观察果梗的褐化程度来大致判断成熟期。

第三节　阳光玫瑰葡萄品种来源及品种特性

一、品种来源

阳光玫瑰（Shine Muscat），又名夏音马斯卡特、耀眼玫瑰。由日本果树试验场安芸津葡萄、柿研究部选育，2006年通过日本的品种审定，亲本为安芸津21和白南，属欧美杂交种，但有典型的欧亚种特性，2009年引入中国后迅速发展。

二、品种特性

（一）主要特征

阳光玫瑰植株生长势较旺、根系发达。新梢嫩尖、叶多为浅白色，有茸毛。嫩梢绿色、无茸毛。新梢成熟后为黄褐色。幼叶浅红色，上表面有光泽，下表面有茸毛。叶片较大，有光泽，呈心脏形，厚度中厚，5裂。叶柄长，叶柄洼基部"U"形半张开。叶缘锯齿大，叶背有稀疏茸毛。节间中等，两性花，果穗大，为圆锥形，果粒椭圆形。阳光玫瑰植株在自然栽培条件下，树势中等，坐果率较高，果粉厚，果肉较软，可溶性固形物含量超过20%，具浓郁玫瑰香味，平均穗重300～500g，单粒重6～8g，每果粒含种子2～3粒，果实商品性不高。但该品种经无核化处理后，果穗可达700～1 500g，单粒重可达12～18g，最大粒重可达20g以上，可溶性固形物含量达18%～26%，且果皮薄，果肉硬、脆，具浓郁香味，品质极佳。

（二）花芽分化特性

该品种1.0～1.5cm直径的枝条形成的花芽质量较好，弱树弱枝难以形成花芽，即使形成花芽，其质量也不佳。冬季适宜短梢修剪。花序一般着生在新梢基部以上的第3～4节，第一年结果的植株花序着生位置较多年结果的位置低；肥、水管理较好的树体，一个新梢容易着生两个质量好的花序。此外，该品种花芽分化还有一个显著特征，即花芽分化质量差的花序上易长出新梢。

（三）果实成熟特性

阳光玫瑰葡萄果实成熟的特点是果穗上下果粒成熟不一。果穗上部果粒成熟后，下部的果粒才开始成熟。因此容易出现果粒糖度不均、果实色泽差异大的问题。一般果穗上下部果粒糖度差在3～5白利度，最高甚至可达8白利度，呈现上部果粒偏黄、下部偏绿的外观，严重影响果实的商品性。要使整穗果实都成熟需等待较长时间，第一年结果或产量低的果园一般需20d左右，产量高的果园一般需30d左右。

阳光玫瑰葡萄果实挂果时间极长，成熟后可挂树60d左右。但后期果实变黄后，若采收不及时，果粒上很容易出现果锈，影响果实的商品性。此外，树势弱、果粒受光不一致、保果与膨果剂选用不当等因素，都会引发果锈问题，特别是树势弱的果穗更易出现果锈。

（四）对病虫害的抗性

阳光玫瑰植株易带病毒，其中贝达砧嫁接苗表现得尤为明显。栽培管理不当的树均易出现严重的病毒病和缺铁性黄化病。经过调节剂无核保果和膨大处理后的果穗在肥水管理不当或强日照的情况下较易出现日灼与气灼问题，严重情况下果穗日灼面积超过50%。阳光玫瑰葡萄对灰霉病的抗病能力较弱，其叶片、花序及果穗均易感灰霉病，特别是在开花前后及果实膨大期。果实封穗期、套袋前后依然易感灰霉病，同时也易感染炭疽病，其他品质在南方地区则很少出现这种病害情况。阳光玫瑰在开花前后易出现蚜虫为害，湖南澧县于开花前后在高温条件下易出现严重的短须螨为害。

（五）对土肥水的需求

该品种适宜栽培在肥沃的土壤中，要生产阳光玫瑰优质果对土壤有机质含量要求很高，土壤有机质含量不能低于3%，最好达到8%，否则植株易出现缺素、果实糖度不均、无香气或香味不正等问题。

阳光玫瑰需肥量很大，需大肥大水栽培。新栽苗的栽培管理比一般品种难，前期生长势弱、抗性差、怕渍水，根系接触底肥易发生肥害；后期植株成活后，植株高度达1m后，特别是5—6月，需加强肥水管理；结果树要生产出优质大粒果，需在开花前培养强旺树势，加强肥水管理，特别是高温季节需要控制好土壤湿度，否则，易出现果锈、僵果、大小粒等现象。

第四节　有市场、有潜力的优良鲜食葡萄品种

一、夏黑无核

欧美杂种，属早熟品种。植株幼叶乳黄至浅绿色，成龄叶近圆形、极大；嫩梢黄绿色；果穗圆柱形，平均穗重500g左右。果粒着生紧密，近圆形，平均粒重6～7g；果皮紫黑色；果皮中等厚，果肉硬脆，有浓郁草莓香味，无核，可溶性固形物含量19%左右。

二、红宝石无核

欧亚种，属晚熟品种。植株幼叶浅红色，成龄叶心脏形、中等大；嫩梢绿黄色；果穗长圆锥形，平均穗重650g左右。果粒着生紧密，卵圆形，平均粒重4.5g；果皮薄脆、宝石红色；果肉硬脆，汁中等多，无核，成熟时有玫瑰香味，可溶性固形物含量15.5%左右。

三、克瑞森无核

欧亚种，属晚熟品种。植株幼叶紫红色，成龄叶中等大；嫩梢红绿色；果穗圆锥形，平均穗重500g左右。果粒着生中等紧密，平均粒重4.2g；果皮亮红色，充分成熟紫红色；果皮中等厚，果肉较硬，果皮与果肉不易分离，无核，可溶性固形物含量18.5%左右。

四、紫甜无核

欧亚种，属晚熟品种。植株幼叶黄褐色，嫩梢紫色；成熟枝条为暗褐色，果穗长圆锥形，平均穗重500g左右。果粒着生中等紧密，长椭圆形，平均粒重6g；果皮紫红至紫黑色，果粉较薄；果皮中等厚，果肉质地脆，果皮与果肉不分离，无核，具有淡牛奶香味，可溶性固形物含量22%左右。

五、晖红无核

欧美杂种，属极早熟品种，为夏黑无核的芽变品种。幼叶乳黄色至浅绿色，成龄叶极大，近圆形。果穗呈圆锥形，不易裂果、掉粒，耐贮运。果粒紫黑色、椭圆形，果粉厚，果皮厚，单粒重可达6~8g。果肉红色，肉质硬、脆，可溶性固形物含量19.8%左右，有浓郁草莓香味。

六、京亚

欧美杂种，属早熟品种。植株幼叶绿色，成龄叶心脏形或近圆形、中等大；嫩梢绿色；果穗圆锥形或圆柱形，平均穗重400g左右。果粒着生较紧密，短椭圆形，平均粒重11g；果皮紫黑色；果皮中等厚、韧，果粉厚，果肉较软、汁多，有草莓香味，种子多为2粒，可溶性固形物含量16%左右。

七、沪培1号

欧美杂种，属中熟偏早品种。果穗圆锥形，平均粒重400g左右，果粒着色中等紧密，椭圆形，平均粒重5.2g，最大粒重7.2g；果皮淡绿色或绿白色，冷凉条件下表现出淡红色，果皮中厚，果粉中等多，肉质致密，可溶性固形物含量15%~18%，品质优。

八、沪培2号

欧美杂种，属早熟品种。嫩梢浅红色，幼叶浅紫红色，成熟枝条黄褐色，节间较长。果穗呈圆锥形，果粒呈长椭圆形或鸡心形，果皮深紫色，可溶性固形物含量15%～17%，果肉较硬，风味浓郁。

九、早黑宝

欧亚种，属早熟品种。植株幼叶浅紫红色，成龄叶小、厚、心脏形；嫩梢黄绿色带紫红色；成熟枝条暗红色，果穗圆锥形，平均穗重430g，果粒着生较紧密，短椭圆形，平均粒重8.1g；果粉厚，果皮紫黑色，较厚、韧；果肉较软，完全成熟时有浓郁玫瑰香味，可溶性固形物含量17%左右，品质上等，种子多为1粒。从萌芽至果实成熟110d左右。

十、蜜光

欧美杂种，属早熟品种。植株幼叶红色，成龄叶大、中等厚；嫩梢梢尖半张开；成熟枝条红褐色，果穗圆锥形，平均穗重721g，果粒着生较紧密，椭圆形，平均粒重9.6g；果皮紫红色，果粉中等厚，皮中等厚，无涩味；果肉硬而脆，果汁中等，具有较浓郁的玫瑰香味，品质极佳，可溶性固形物含量19%左右，种子多为2粒。从萌芽至果实成熟112d左右。

十一、春光

欧美种，早熟品种，亲本为巨峰×早黑宝。幼叶红棕色，成龄叶大。成熟枝条红褐色，光滑。平均穗重650g，平均粒重9.5g。果皮较厚，呈紫黑色，果粉厚。种子一般为2粒。果肉较脆，具草莓香味，风味甜。可溶性固形物含量17.5%～20.5%，品质佳。

十二、宝光

欧美杂种，属中早熟。亲本为巨峰×早黑宝。植株叶片较大，成熟枝条红褐色。平均穗重达716.9g，平均粒重达13.7g。果皮较薄，紫黑色，易着色。果粉厚，果肉脆，同时具玫瑰香味和草莓香味。可溶性固形物含量达18%左右。该品种丰产、稳产性好，果穗大，果粒极大，香味独特，品质较佳。

十三、户太8号

欧美杂种，属早熟品种。植株幼叶浅绿色，成龄叶大、近圆形；果穗圆锥形，平均穗重650g，果粒着生较紧密，短椭圆形，平均粒重9.5g；果粉厚，果皮紫红色至紫黑色，皮厚易与果肉分离；果肉软、多汁，可溶性固形物含量18%左右，有淡草莓香味，种子多为2粒。

十四、申丰

欧美杂种，属中熟偏早品种。嫩梢紫红色，成熟枝黄褐色，幼叶浅紫色，成龄叶片大，较厚，心脏形，果穗整齐，紧密度中等，圆柱形，平均穗重400g，果粒椭圆形，平均单粒重8g。果皮厚，紫黑色，果粉厚度中等。果肉较软，质地致密细腻，成熟时有草莓香味，可溶性固形物含量15.6%左右，品质上等。种子多为2粒。

十五、浪漫红颜

欧美杂种，属晚熟品种。新叶微红，有稀疏茸毛，叶肥大，心脏形。果穗圆锥形，紧凑，平均穗重1 200g；果粒长卵圆形，平均粒重10g；果皮粉红色，果皮薄，果肉硬脆，汁中等多，果皮肉不易分离；可溶性固形物含量18%~23%。

十六、妮娜女皇

欧美杂种，属晚熟品种。嫩梢淡黄绿色，幼叶浅绿色，果穗呈圆锥形，平均穗重520g，平均单粒重13g。长椭圆形，果皮厚且脆，着色较难，果皮粉红色至鲜红色，肉质细腻、脆。可溶性固形物含量平均18%以上，兼具草莓和牛奶的香味，品质极佳。

十七、红美

欧亚种，属中晚熟品种，亲本为红美人×红亚历山大。幼叶黄绿色，成龄叶五角形。果穗呈圆锥形，平均穗重527g。果粒长椭圆形，平均粒重6.9g。果粉较厚，果皮紫红色，稍有涩味。果肉有淡玫瑰香味，可溶性固形物含量19.0%左右。

第五节　葡萄的年生长发育周期

葡萄的年生长发育周期，又称物候期。物候期与一年中的季节性气候变化相吻合。葡萄的物候期概括起来可分为休眠期和生长期。

一、休眠期

葡萄的休眠期（图1-8）是指植株从冬天开始落叶到翌年伤流开始之前的这段时期。随着气温下降，叶片变黄脱落。葡萄落叶后，树体生理变化并没有完全停止，而是进行着微弱的生命活动。

葡萄的休眠可分为自然休眠和被迫休眠。自然休眠是指即使给予

图1-8　休眠期

适宜的生长环境条件仍不能萌芽生长时的休眠，自然休眠结束后，若温、湿度适宜，葡萄就可以萌发生长。被迫休眠是指因不利环境条件的限制而不能萌芽生长时的休眠，一旦条件合适随时可以萌芽生长。

二、生长期

葡萄的生长期是指当春季树液开始流动到冬季落叶为止的时期。葡萄的生长期可分为7个时期。

（一）树液流动期

树液流动期即伤流期，初春当根系所处土层的地温达到6～9℃时，树液开始流动。根系开始从土壤中吸收水分和无机物质。这时从刚修剪的剪口处会流出无色透明的树液，称为伤流，所以南方的冬季修剪宜在伤流开始前1个月完成。

（二）萌芽期

从萌芽到开始展叶称萌芽期（图1-9）。在春季平均气温稳定超过10℃时，葡萄的冬芽开始膨大、鳞片破除、白色茸毛露出，也叫"露白"，即为萌芽的标志。根系吸入的营养物质进入芽的生长点，引起细胞分裂，花序原始体继续分化，使芽眼膨大和伸长。

图1-9　萌芽期

（三）新梢生长期

从萌芽期到开花前的时期称为新梢生长期（图1-10）。萌芽初期新梢生长趋于缓慢，这段时期所需的营养物质，主要由茎部和根部贮藏的养分供给。如贮藏的养分不足，则新梢生长细弱，花序原始体分化不良，发育不全，形成带卷须的小花序。因此，营养条件良好，新梢生长健壮，对当年的产量、质量和翌年的花芽分化都起着决定性的作用。

图1-10　新梢生长期

（四）开花期

从开始开花到开花终止称开花期（图1-11）。此时也是冬花芽分化的开始。葡萄花期一般持续7～11d，是决定当年产量的关键。开花期易受水分、养分和气候条件的影响。当昼夜平均气温稳定在20℃以上时，开始开花，这时营养生长相对减缓。温度和湿度对开花的影响很大。高温、干燥的天气有助于开花，缩短花期，相反低温、阴雨天气会延长花期。若葡萄花期遇到持续的低温、阴雨天气会严重

图1-11　开花期

影响坐果，必须及时进行保花保果。

（五）浆果生长期

从花期结束到果实开始成熟前的时期称浆果生长期（图1-12）。葡萄的浆果生长期长短因品种而异。这时新梢的增长减缓而加粗加快，新梢基部开始木质化。此时冬芽开始了旺盛的花芽分化。根系也发出新的侧根，吸收量增大，生长逐渐加快。

图1-12　浆果生长期

（六）浆果成熟期

从果实开始成熟到完全成熟的时期为浆果成熟期（图1-13）。生产上以果实开始变软视为果实开始成熟。此时，主梢慢慢停止增长，但仍在快速加粗生长。此时副梢还在进行增长生长。花芽分化主要集中在主梢的中上部节位进行，这时冬芽中的主芽开始形成第2、第3花序原基，以后停止分化。浆果成熟时应适时采收。

图1-13　浆果成熟期

（七）枝蔓老熟期

枝蔓老熟期又称新梢成熟和落叶期，是从果实采收到枝条落叶休眠的这段时期。葡萄浆果采收后，叶片光合作用仍在加速进行，将制造的营养物质由消耗转为积累，运往枝蔓和根部贮藏。枝蔓水分含量逐渐减少，木质部、韧皮部和髓部细胞壁变厚和木质化，韧皮部外围形成干枯的树皮。

第六节　葡萄对生态条件的要求

一、温度

葡萄喜温，对热量要求较高。植株一般从10℃以上时开始萌动，从萌发到果实完全成熟所需≥10℃的有效积温为3 000～3 500℃。

二、水分

葡萄比较抗旱，但幼苗怕渍水。温和条件下，年降水量700～900mm较适合葡萄生长。我国南方降水量大，在生长期内，从萌发到浆果生长期都需足量的水分供应，浆果成熟期对水分的需求减少，直到休眠期，几乎不需要水分。

三、光照

葡萄喜光照，对光的反应较敏感。光照对它的生长和品质起决定性作用。充足的光照条件使葡萄枝叶生长健壮，树体生理活动旺盛，营养状况良好，因此，充足的光照是果实产量与品质的基本保障。

四、土壤

葡萄根系非常发达，适应性较强，对土壤的要求不严，几乎可以在各种土壤类型中栽培成活。但是想生产出优质的葡萄，土壤条件需达到以下条件：地下水位一般要在1m以下，有机质含量超过3%，土壤水分为田间最大持水量的60%~80%，土壤酸碱度控制在5.5~7。

五、风

风对葡萄的作用是多方面的。微风、和风可以促进空气流通，增强蒸腾作用，提高葡萄叶片的光合作用，消除辐射、霜冻或地面高温带来的不利影响，同时还能减少病菌为害，提高授粉结实率。但大风、强风和台风会对葡萄生产带来不良影响，会影响花期授粉，造成大量落花落果、折枝等严重损失。

第二章　鲜食葡萄设施栽培技术

第一节　苗木繁殖与高接换种

一、苗木选择

葡萄苗木的选择是建园最基本的问题，重者关系建园的成败，轻者关系经济效益的高低。根据砧木区域化和不同品种对环境的适应性、丰产性来选择苗木。苗木宜选脱毒苗或未感染病毒病的耐湿耐高温的抗性砧木嫁接苗。要求苗木嫁接口往上10cm处直径在0.5cm以上。10cm以上的根系6条以上，无检疫对象，无病虫害。例如，适合阳光玫瑰的砧木品种有3309M、SO4、5BB、贝达、夏黑、抗砧3号等。

二、苗木繁殖

（一）扦插繁殖

根据葡萄扦插枝条的木质化程度，可分为硬枝扦插（图2-1）和绿枝扦插。

1. 硬枝扦插

（1）插条的选择。应选充分老熟、无病虫害、冬芽饱满、节间短、髓部小、皮色深褐、枝条粗壮、呈圆形的一年生枝条，直径需大于7mm。

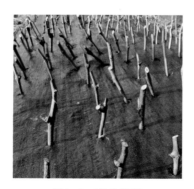

图2-1　硬枝扦插

（2）插条的贮藏。为保证插条的成活率，冬季修剪后应立即将修剪下来的枝条进行贮藏。贮藏方式主要有以下几种。

冷藏库贮藏：种条用保鲜袋包装后抽成真空，置入0～4℃冷藏库中贮藏。

沙藏：选择地势平坦、不易积水的地块，挖深1m的沙藏沟，长度和宽度依种条数量而定。贮藏前用5波美度石硫合剂对种条浸泡处理2～3min，阴干。先在沟底铺10cm厚的细河沙，将砧木、接穗种条均匀摆放在沟内，种条之间填充潮湿的细沙，在距地面10cm左右铺上作物秸秆通风，沟上面培土至高出地面。

其他：利用山洞或贮窖等方法进行贮藏。

（3）苗圃整地。在初冬进行苗圃整地。每亩（1亩≈667m²，1hm²=15亩，全书同）先施发酵好的厩肥1 500kg左右，再加发酵完全的菜籽饼100kg，结合翻耕使肥料与土壤混合均匀，整成畦面宽80～100cm，沟宽20cm、深20cm的苗床，并及时覆盖黑色地膜。

（4）插条的准备。取出枝条后，先在清水中浸泡24h左右，然后按所需长度剪截。一般生产上为了方便插条发根整齐，在下端离芽眼0.5cm处平剪。虽然葡萄的插条比较容易生根，但由于葡萄芽眼在10℃以上即可萌发，而生根需要25～28℃，因此，为提高扦插成活率，一般可使用生长调节剂或电热温床催根。

（5）扦插方法。当地温稳定在10℃以上时，准备好的插条便可以开始扦插，湖南一般在3月中下旬进行。扦插分为垄插和畦插。扦插前需在已铺好的地膜上预先打上扦插孔，以免地膜将插条断口封住影响生根成活。

（6）扦插苗管理。扦插前要覆盖黑色地膜，防止杂草生长。萌芽期需保持土壤湿润。待新梢长至40cm时应及时立杆。新梢长至60cm时应开始枝蔓摘心。新梢生长至8叶后开始施肥，主要用0.2%尿素和0.2%磷酸二氢钾淋施。肥水管理应遵循少量多次的原则。其间重点防治黑痘病、霜霉病、透翅蛾、蚜虫等。

2. 绿枝扦插

选较为粗壮的当年生半木质化枝梢，剪成每根含2~3个芽的小段。选光照充足、通风良好、排水通畅的地块，挖好沟，沟底施入腐熟有机肥与土壤混匀之后再在其上铺一层河沙作为插床。扦插时保留每根枝条最上部叶片的1/4左右，剪去其余叶片和叶柄，用生根剂处理插条后开始扦插。扦插完后插床上应搭小荫棚。扦插后的管理与硬枝扦插的管理相似，且重点注意遮阴与保湿。

（二）压条繁殖

压条繁殖主要有水平压条法和空中压条法。

1. 水平压条法

在春季葡萄枝条发芽以前，将靠近地面的一年生枝压入土壤中，掩埋深度以20cm为宜。利用葡萄枝条上的多个节位生根并长出多个新梢，再将埋入土壤的枝条切断即可培育成多个独立的植株。

2. 空中压条法

将枝条压入盛满土的容器中，容器在空中固定，待容器中的枝条生根后，将其下端剪断后获得独立的植株的方法。

（三）嫁接繁殖

1. 砧木的类型

（1）坐地砧。经过一年培育的越冬实生或扦插苗。冬剪时在基部留1~2个芽眼，翌年萌芽后在新梢上直接嫁接的砧木叫坐地砧。坐地砧提前嫁接，翌年即可挂果。

（2）移植砧。前一年培育的一年生实生或扦插苗，于冬季起苗经贮藏或翌年春移植到嫁接区继续培养后再用来嫁接的砧木。

（3）当年砧。当年生砧木苗经催根和加强管理，在嫁接前离地15cm以上茎粗超过0.5cm，达到嫁接标准后用来嫁接的砧木。当年砧嫁接成活后通过精心管理，当年即可出圃。

2. 接穗准备

接穗必须从无病毒、无检疫性病虫为害、品种纯正的母本园采集。硬枝嫁接接穗的采集时间在葡萄落叶后，一般结合冬季修剪进行。剪取一年生冬芽饱满、成熟度高、粗度在0.8cm以上的枝条作为种条，长度剪截成7~8节为1根，每50根一捆，吊挂品种名标签后冷藏保存；绿枝嫁接的接穗为半木质化的主梢或副梢。为防止接穗失水，应立即去除叶片并保留1cm左右长度的叶柄，然后将接穗下端放入清水中保湿，尽量做到随接随采，当天没用完的接穗应冷藏保湿保存。

3. 嫁接方法

主要有硬枝嫁接和绿枝嫁接两种。硬枝嫁接可采取劈接法或舌接法。绿枝嫁接目前育苗生产中主要采用劈接法和插皮接法，少量采用搭接法。

绿枝嫁接操作相对简单，成活率高，是当前生产上繁殖葡萄苗木应用最广泛的办法。操作过程中应注意以下几点。

（1）接穗必须半木质化，剪下后要去除叶片，保留1cm左右叶柄，接穗下端放入清水中，防止失水。

（2）接穗削好后应快速嫁接，否则接穗失水影响成活，接口和接穗必须包扎紧密。

（3）嫁接后应立即灌水保湿，高温天气最好对嫁接部位遮阳降温。

（4）保留砧木叶片，去除砧木上所有生长点，使养分和水分集中供向接穗。

（5）接穗发出的新梢要及时引缚，防止折损。

（四）容器苗繁殖

容器育苗是利用塑料袋、无纺布袋、营养钵等容器进行育苗，为了使苗木快速生长，提高苗木质量与成活率而采用的一种繁殖方法。

三、出圃管理

（一）起苗

圃地育苗在生理落叶后，苗木即可出圃，起苗前，撤掉竹竿及绑缚物，从嫁接口以上留4～6芽剪截。然后苗田灌水，使土壤松软以利起苗，起苗后做好苗木及砧木品种、数量标记，拴好标牌，防止混杂，将取出的苗木每20株一捆，挂好标签后放入朝北的室内的湿河沙中备用。容器育苗在成苗后即可出圃。

（二）包装

苗木检疫消毒后用塑料袋、木箱、草袋等作为包装材料，用木屑、苔藓、碎稻草作填充物，包扎成捆并标记品种（接穗/砧木）、数量、等级。

（三）运输

运苗前一天喷透水，装好箱后，一层一层摆放在运输车上，一般装4～5层。如长途运输，要盖上篷布。运到定植地或阴凉处暂放时，要喷水保持苗木根部湿润。

（四）贮藏

如要短期贮藏，可用湿沙埋放在阴凉的室内，或在避风背阳、不积水的地方挖深30cm左右的假植沟，将苗木的根部埋入土中，保持土壤适当湿润，湿度过大会使根部发霉，过干会使苗木脱水死亡。寒冷天气还应注意防冻。

四、高接换种

（一）高接换种的时期

葡萄在一年当中有两个时期可以进行高接换种。一个时期是在2—3月春季冬芽萌芽之前，此时枝蔓中累积的大量营养物质还未完全被消耗，利于伤口的愈合；另一个时期是4月枝条旺长期，此时葡萄枝条生长旺盛，利于伤口愈合。

（二）高接换种的方法

劈接法是我国南方葡萄高接换种最常用的方法。进行高接换种的时期不同，方法也略有不同。主要包括硬枝劈接和绿枝劈接。硬枝劈接需在1月就要将换种的植株重剪，在伤流开始前进行换种。如选择绿枝劈接则需在4月进行，要求接穗与砧木均达到半木质化。此外，嫁接时间一定要参考本地葡萄的物候期灵活选择。

嫁接后要及时对接穗长出的新梢进行绑缚，以防止被风吹折，绑扎接口的薄膜应在冬剪时解除。嫁接后要及时抹去砧木上萌发出的新芽与接穗萌发出的副梢，以免影响主梢的快速生长。

第二节　葡萄园的建立

一、园地选择

选择地势较高、地块平坦、排灌方便、交通便利、通风向阳、远离污染源、土壤肥沃、有机质含量经改土后达到3%以上、pH值6～8、地下水位低于1.0m的地块建园。周围环境无影响葡萄生产的污染源，排灌水应符合农田灌溉水质标准，近两年未发生重大植物疫情，周围应建立隔离网、隔离带。

葡萄园的选址建议避开长期使用除草剂的地块，避开柑橘园、梨园等介壳虫发生严重的果园；避开西瓜、大豆、辣椒、茄子等蚜虫、蓟马、短须螨等发生严重的园区和蔬菜作物；避开杨树、棉花等虫害发生严重以及葡萄病虫害越冬寄主的树林与农作物；避开高速公路、主要公路、工业园养殖场等污染严重的区域。

二、葡萄园标准化建园与规划

（一）建园步骤

土地平整→排灌沟渠施工→水肥药一体化施工→智能化信息线路预埋（所有管道、管线埋深80cm以上）→园区道路硬化施工→土壤改良→挖定植沟或定植穴→施足底肥→建棚架设施或钢架大棚→整垄定植。

（二）园地规划

避雨栽培以南北方向为宜，垄长一般50～80m，园区交通根据园地的规模大小确定，一般50亩以上的主道宽应在3.0～3.5m，支道宽为2.5～3.0m；50亩以下主道宽为2.5～3.0m，支道宽为2.0～2.5m。排水沟渠根据地理条件确定，一般20亩左右需要开一条主排水渠，一般开口面为2.0～3.0m，底宽为0.6～1.0m，深

1.2～1.5m，超过30m的垄长需在垄长中间开一条横沟，一般开口面为1.0～1.2m，底部宽为0.3～0.5m，深0.6～0.8m。如果采用管道喷雾系统，则在垄长中间装置喷雾管道，一般一台喷雾泵可管100～150亩，每10～15亩需要建一个容量为12m³的粪池，另外还应根据园区大小规划建造仓库、房屋设施、石硫合剂熬制房等建筑设施。在规划道路和排灌沟前，应根据水泥柱的间距（一般为5.4m）和株行距（一般为1.8m×2.5m）做好规划，避免水泥柱和苗木排列在道路上或沟渠上，以提高土地利用率。

三、土壤改良

虽然葡萄生产对土壤要求不高，但生产精品果，应在架设棚架前用挖掘机等机械对土壤进行耕翻和改良，必须挖定植沟或定植穴，可减少以后的生产成本，生产优质产品。

在检测土壤有机质、养分含量和微量元素的基础上，根据当地的有机质物料制定配方，进行土壤改良，建议一次性将定植沟或定植穴内的土壤有机质调到3%以上，一般以牛、羊等草食性动物粪便为基质生产的有机肥或者正规厂家生产的生物有机肥，还包括锯木屑、秸秆粉碎渣、草木碳等有机物料（图2-2、图2-3），一般每亩施用10t以上，同时可加入500～1 000kg菜饼肥和适量的磷肥、微生物菌肥、钙镁锌硼铁等中微量元素。山丘岗地磷肥选用钙镁磷，平湖区选用过磷酸钙。施肥前10～15d将饼肥与磷肥充分搅拌后加水堆沤发酵（图2-4），隔3～5d加水翻拌，并用塑料薄膜覆盖保温保墒。定植沟开挖后先将饼肥、磷肥、有机肥、中微量元素肥，撒施于沟底，并深翻沟底将肥料与土充分拌匀，再回

图2-2 发酵前菌种扩繁

填一半土层，将上述另一半肥料均匀撒施后，将肥料与土拌匀，并将大块坷垃捣碎至鸡蛋大小，然后将开挖土方全部回填后将复合肥（N∶P∶K=15∶15∶15）40～50kg/亩均匀撒施1m宽，将肥料与土拌匀后，开沟整垄，垄沟宽40～60cm，深30～40cm，将肥料覆盖。此项工作应在栽苗前一个月完成。

图2-3 牛粪、菌渣、锯木屑混合发酵　　图2-4 菜饼和磷肥混合发酵

四、苗木的栽植

（一）定植沟的准备

应当根据栽培架式和树形来确定挖定植沟还是定植穴。若采用"T"形或"V"形架式，则应当选择挖定植沟，宽0.8～1.2m、深0.5～0.8m。若采用"H"形或"T"形水平棚架式，则选择挖定植沟或定植穴均可，定植沟挖宽1.6～2.0m、深0.5～0.8m，定植穴的大小则根据株行距确定，一般挖宽2～4m、深0.5～0.8m。施基肥应该在搭建棚架前完成，采用机械施基肥、改良土壤、整地等，这样可提高效率降低成本。

（二）定植方式

起垄定植，尤其是水稻田改建的葡萄园和地下水位高、土壤黏重、容易积涝的地区，为提高土壤氧气含量，避免根系在水中长期浸渍，采用起垄栽培，并铺上黑色地膜。

（三）定植时期

葡萄苗在秋季落叶后到翌年春季萌芽前均可栽植，一般在2月至3月上旬。湖南地区可在植树节（3月12日）前后，选择晴天进行栽植。

（四）定植密度

根据栽培架式和树形来确定栽植密度。简易避雨栽培的株距为1~2m，行距为2.5~3.0m，盛产后可适当间伐。连栋大棚栽培建议大冠稀植，前期可适当密植保证产量，之后再间伐。

（五）定植方法

葡萄是多年生藤本植物，寿命较长，其根系为肉质根，在生长过程中遇到阻力就会停止向前生长。据多年观察，葡萄垂直根系受到地下水的影响主要分布在栽植沟底层之内。因此，要想让葡萄多年结好果，必须给葡萄提供足够的地下营养体积。

南方多雨地区宜采用深沟高垄、深挖浅栽的基本原则栽植葡萄。垄块应整成龟背形，定植时应用没有施入过任何肥料的客土隔离苗木的根系，厚度10cm左右，按确定的株行距栽植，定植深度为根系以上覆土5~8cm。栽植前将根系修剪留20cm长，放入清水中浸泡12~24h（图2-5），用5波美度石硫合剂消毒（图2-6）后栽植。栽植时应当使苗木根系向四周舒展（图2-7），栽后向上提苗，嫁接口外露在地面10cm以上（图2-8），栽植后及时浇透压兜水。覆盖黑色地膜或者其他种类的地布，既可保持土壤水分也可灭草。

图2-5　栽植前充分浸泡在清水中　　　图2-6　栽植前消毒

图2-7　填土前根系分布　　　　　图2-8　栽苗后

五、葡萄架的建立

葡萄在南方适合避雨栽培，适宜的架式与树形主要有4种。连栋大棚栽培适宜采用水平"H"形或"T"形架，简易避雨棚栽培适宜采用"V"形或"T"形架。"V"形架适宜的行距为2.5～2.8m，"T"形架适宜的行距为3.0～3.5m，"H"形架适宜行距为6～7m。"H"形水平棚架和"一"字形水平棚架的大树形架式更适宜生产高品质的葡萄。现将"H"形水平棚架的培养方法介绍如下。

一是幼苗定植后，采取勤施薄施的施肥方法促使幼苗迅速生长，保留幼苗主干前端3～4个一次夏芽副梢，其余副梢应及时抹去，以增进主干生长，促进"H"形架式成形。

二是当苗木主干达到水平棚架架面高度时，将主干摘心并保留主干上端的2个一次夏芽副梢，以促进所留一次夏芽副梢生长，并以"一"字形形状将2个一次夏芽副梢绑缚于架面上。除保留2个一次夏芽副梢上前端的3～4个二次夏芽副梢外，其余二次夏芽副梢应及时去除，以增进"一"字形一次夏芽副梢生长。

三是当2个"一"字形一次夏芽副梢长度达到1.2～1.5m时，对其进行摘心，保留靠近一次夏芽副梢前端的2个二次夏芽副梢，并去除其余二次夏芽副梢以促进所留二次夏芽副梢生长。按与一次夏芽副梢生长方向垂直的方向以"一"字形形状将2个二次夏芽副梢绑缚在架面上，与两个一次夏芽副梢形成"H"形架。在此过程中保留2个二次夏芽副梢上前端的3～4个三次夏芽副梢，及时除去其他三次夏芽副梢，以促进二次夏芽副梢的生长。

四是通过上述3个步骤，"H"形架已形成，冬季修剪时，二次夏芽副梢作为结果母蔓保留，为翌年丰产提供保障。

五是翌年春季当结果母蔓上的冬芽萌发后，按与结果母蔓方向垂直的方向以"一"字形方式将新梢绑缚于架面上作为当年的结果枝与营养枝。

六是翌年冬季修剪时，当年新梢将作为翌年的结果母蔓保留，结果母蔓在架面上的绑缚方向与上年冬季保留的结果母蔓方向相同。

七是"H"形水平棚架（图2-9、图2-10）葡萄主干高度为1.8m左右，在水平网架上的2个一次夏芽副梢沿单棚宽度方向"一"字形绑缚，每个一次夏芽副梢长度为1.5m；4个二次夏芽副梢沿单棚长度方向"一"字形绑缚，每个2次夏芽副梢长度为1.8～2.0m。具体根据大棚棚体和水平网架的结构来决定。

图2-9 "H"形水平棚架冬季修剪　图2-10 "H"形水平棚架春季萌芽展叶

六、平地轻简化建园

（一）土壤改良

根据土壤检测的相关指标，制定改土、培肥方案，补充有机质及各种营养元素。将所需的肥料和有机质等运到地块。前茬作物为水稻、油菜轮作，pH值6.5左右的稻田，每亩施入有机肥5t以上，15-15-15复合肥150～200kg，钙镁磷肥150～200kg，生石灰100～150kg，在田间均匀布点堆放或撒施。

（二）机械整垄

利用大型农用机具，进行一次深翻，再旋耕一次，将肥料与园土充分混匀。再用小型挖机按垄宽2.8m、沟宽30～40cm、深30cm整垄。

（三）苗木消毒

将葡萄苗修根后，用辛硫磷800～1 000倍液浸蘸根部20～30s，杀灭寄生虫源。未萌芽的苗木定植前还可用6～8波美度石硫合剂浸蘸地上部6～10s，用以杀灭附着在枝条和芽鳞上的病原孢子等，萌发后则不能按照此方法进行，以免伤到新芽。

（四）苗木定植

按照前述方法定植苗木，定植完成后，插毛竹竿用来引缚新梢。

（五）搭建棚架

用适宜大小的地钻按事先定好的位置进行打孔，栽植水泥柱，柱顶拉线做水平，压实固定。先完成架面第一层的拉线，便于培养主臂。翌年萌芽前应拉设完所有架面，并完成避雨棚膜的覆盖，完成所有建园工作。

第三节　土、肥、水管理

葡萄需肥量大，需要培育旺树，主要措施是调理和改良土壤，增施有机肥，土壤有机质含量必须达到3%以上，运用水肥一体化管理技术。

一、土壤管理

土壤管理需根据果园实际情况采取相应的管理措施。每年秋季施有机肥4t以上，并补充适宜的中微量元素，保持土壤有机质含量达3%以上。有条件的可以增施有机肥，逐年提高土壤有机质含量。

（一）生草或覆盖

可在行间种植紫云英、三叶草等绿肥作物，增加土壤有机质含量，也可覆盖地布（图2-11）、黑膜或反光膜等。

图2-11　垄面防草布覆盖

（二）深耕

在果实采收、新梢停止生长后，结合果园秋季施肥进行深耕，深度一般为20～30cm。秋季深耕施肥后应及时灌水。

（三）清耕

一年当中需在葡萄行和株间进行多次中耕除草，以保持土壤疏松、无杂草，使果园内保持清洁，减少病虫害的发生。

二、营养与施肥

（一）施肥的原则

葡萄需要一年多次供肥，根据葡萄的施肥规律进行平衡施肥或配方施肥，采用埋施与水肥相结合的方法施用。使用的商品肥料应该是在农业行政主管部门登记使用或免于登记的肥料。萌芽前及新梢生长期追肥以氮、钾为主，果实膨大期以氮、磷、钾平衡肥为主，转色期追肥以磷、钾为主。微量元素缺乏园区，依据缺素的症状和土壤检测结果增加追肥的种类或根外追肥。最后一次叶面施肥应距采收期20d以上。总之，施肥的多与少、种类、时间要既能保证树势强壮生长，又能使果实二次膨大期新梢停止生长率达到70%

以上。

（二）肥料的种类

1. 有机肥料

包括厩肥、禽粪、沼气肥、堆肥、饼肥、人畜粪、灰肥、骨粉、土杂肥、绿肥等。

2. 化肥

包括氮肥、磷肥、钾肥、硫肥、钙肥、镁肥及复合肥等。

3. 叶面肥

包括大量元素类、微量元素类、海藻酸类、壳寡糖素类、氨基酸类、腐殖酸类肥料。

（三）结果园的施肥

结果园的施肥应根据葡萄的生长物候期来进行。

1. 催芽肥

第一年挂果的园地和地力差、树势弱、需扩大树冠的多年结果园要追施催芽肥，一般伤流期，每亩埋施50%高氮高钾硫酸钾复合肥30～50kg，并补充锌、硼等微量元素。秋冬季已施足基肥、土壤肥沃、树势旺的园区或坐果率低的葡萄园不需要追施催芽肥。

2. 催条肥

首年挂果和长势偏弱的园，萌芽后新梢生长到10cm左右时，需追施催条肥。一般用50%高氮高钾硫酸钾型大量元素水溶肥，每亩施用5～10kg，同时加适量的海藻精或腐殖酸或氨基酸或生物菌肥、土壤调理剂等，生根养根，促进枝蔓生长，若树势偏弱，可视情况隔7～10d再施一次。

3. 壮果肥

开花前1周，每亩施用硝酸铵钙15～25kg，也可用水溶性钙肥滴灌或冲施。

谢花后，每亩埋施50%高氮高钾硫酸钾复合肥30～50kg，或者施用50%高氮高钾硫酸钾型大量元素水溶肥，加适量的海藻精或腐殖酸滴灌或者冲施。若树势偏弱，可视情况隔7～10d再施一次钙肥。

坐果后，可再施一次钙肥，促进果实膨大，防止果实空心，提高果实品质。

为生产优质果品，在土壤施肥的前提下，花前花后应叶面喷施硼肥、锌肥、钙肥、镁肥等。

4. 催熟肥

果粒变软有弹性并开始二次膨大时，可施用低氮中磷高钾大量元素水溶肥与磷酸二氢钾加钙肥滴灌或者冲施，每亩施用5～10kg，为提高品质，可加入适量的腐殖酸、鱼蛋白、黄腐酸钾等。根据树势情况，可隔7～10d再施用一次。

5. 采果肥

葡萄采后应及时追肥，每亩施用50%高氮高钾硫酸钾型大量元素水溶肥5～10kg，冲施或者滴灌，隔7～10d再施一次。

6. 基肥

9—10月，果实采收完后，在离树主干60cm处单边开沟或打孔埋施基肥（图2-12），沟或孔的深度为40～50cm，每亩埋施充分发酵的牛粪、羊粪等有机肥4～6t，磷肥75～100kg，根据土壤状况，可施入适量的土壤调理剂，如生石灰、磷钙镁生物菌肥等。

图2-12　深翻施基肥

三、水分管理

（一）灌水

采用水肥药一体化系统灌溉，包括机井、泵房、蓄水池、有机液肥池、农药池、主管道、毛细管道和出水口等设施（图2-13、图2-14）。根据天气、物候期、土壤湿度决定灌水量。萌芽期、开花前、膨果期满足植株需水，田间持水量保持在60%以上。果实成熟期控制灌水，田间持水量保持在40%左右。灌水一般在10时以前，16时以后进行，气温超过30℃时严禁灌水。

图2-13　水肥药一体化

图2-14　三管入园（水肥滴管、有机液肥管、农药管）

（二）排水

地势低洼，雨季易积水的园地要挖排水沟，主排水沟位于园地四周，深度1.5m以上，支排水沟位于各作业小区四周，深度1.0m以上，当土壤湿度超过田间持水量标准时及时排水。

第四节　整形修剪

不同葡萄品种的整形修剪方法略有不同，具体整形修剪方法以阳光玫瑰为例。

一、冬季修剪

葡萄完全落叶后开始冬季修剪，根据不同品种花芽分化特性可采用短梢修剪、中梢修剪、长梢修剪或混合修剪方法。

每个结果母枝基部留2~3个芽。弱枝和旺枝花芽分化差，冬剪时尽可能地剪除。结果母枝间距按35~40cm留枝。冬季修剪完成后，及时将修剪的枝蔓，田间的残枝落叶、杂草一并运出园区集中处理。

（一）冬季修剪时期

葡萄冬季修剪一般在葡萄落叶2周开始到伤流前3周进行。

（二）冬季修剪方法

1. 确定翌年预期产量

根据树龄、树势、最佳穗重、粒重等确定预期产量，一般成龄优质葡萄园确定每亩产1 500~2 000kg为宜；第一年结果的幼树确定每亩产1 000~1 500kg。

2.结果母枝的修剪

根据架势、树龄、树势、芽眼饱满度、枝条、相邻树的生长状况等，确定结果母枝的修剪方案。除整形需要延长枝蔓外，一般留2～3芽修剪，结果母枝按间距40～50cm留枝，粗度按1.0～1.5cm为宜。弱枝和旺枝花芽分化差，冬剪时尽可能地剪除。

二、夏季修剪

（一）抹芽

葡萄萌芽绒球期至展叶见花前需要及时抹芽，抹芽一般分两次，第一次是抹除副芽、弱芽和位置不当的芽，特别是第一年结果的树，在绒球期应尽早将主干中下部的芽全部抹除。第二次是展叶见花蕾后及时抹除多余的芽和位置不当的芽，一般根据设定的枝条间距和树形培养的需要，进行合理抹芽留芽。

（二）定枝

新梢10～15cm时定枝，并剪除多余的枝蔓。可一次性定枝，能保持架面通风透光即可。

第一年结果的新园。一是已成形的树（即8根结果母枝粗度在0.6cm以上的标准树型）每株树一般留12～16根新梢，每亩留2 000～2 500根新梢，新梢间距20～24cm；二是未成形的树根据生长势适当留枝，保证新梢正常生长。

结果两年以上的成龄树，根据生长势确定每株树的留枝量和亩留枝量。每亩留新梢2 300～2 500根，新梢间距20～24cm。定枝时，尽量留靠近侧蔓基部的新梢，确保结果部位不会快速外移。

（三）引缚枝蔓

当新梢生长至50cm左右时，及时按设计的枝条间距引缚枝蔓到铁丝上（图2-15）。引缚枝蔓时，尽量将枝蔓均匀引缚，引缚枝蔓必须在开花前完成，否则会加重病虫害的发生，而且光照不均或不足会严重影响坐果。

图2-15　开花前将新梢绑缚固定

（四）摘心

阳光玫瑰葡萄在肥水充足的条件下，枝梢旺长，易影响坐果率和花芽分化。具体措施有：生长调节剂控梢，可用1～2次生长抑制剂，如缩节胺等，开花前和幼果期使用15%调环酸钙1 000倍液，幼果膨大期用25%缩节胺600倍液，专喷新梢顶部；多次摘心，一则缩短节间距，二则扩大叶片面积，在单位面积内增加光合叶片总面积。

开花前需要对主梢与副梢进行摘心处理，以促进坐果。摘心时间和程度视生长势而定，一般在花序前留3叶，副梢留1叶绝后处理，旺树重摘，弱树轻摘。坐果后，顶部留1个副梢延长至4～6叶摘心处理。其余副梢仍然按主梢上的副梢处理方法处理。开花期间必须保持花穗通风透光，主梢引缚间距和留枝量一定要按要求执行，以免造成枝条拥挤、荫蔽而大量落果，减少产量。

（五）副梢处理

旺树旺枝顶部一次副梢留1～3叶摘心；弱树弱枝顶部一次副梢留3～5叶摘心，其余中下部副梢均留1叶绝后处理。生理落果后，顶端二次副梢留3～5叶继续延长生长，满足新梢生长至架面宽度或高度，达到充分利用架面的目的。

（六）去卷须、老叶

当新梢生长至30~50cm时，及时摘除新梢上的卷须和花穗上的卷须，避免养分浪费和扰乱树形。果实成熟初期，去除部分老叶、黄叶。

第五节　花果管理

不同葡萄品种的花果管理方法略有不同，具体方法以阳光玫瑰为例。

一、疏花

每个结果枝只选留一个花序，一般分两次疏花，第一次在花穗分离中期，第二次在开花前3~5d。一般留花穗尖4cm长，留16~18个小穗轴，每个新梢上留一个花穗（图2-16、图2-17）。再将每一个小穗轴剪至单层。疏花时最好在花序上部留一个小穗轴作为保果标记，便于分批保果。

图2-16　阳光玫瑰　　图2-17　阳光玫瑰
疏花序前　　　　　疏花序后

二、调节产量

果粒生长至黄豆大小需及时进行第一次疏果，套袋前需再进行一次疏果，疏果定产应根据树龄、树势确定穗粒数、穗重、单株留穗数、亩产量。树势生长较好的园，一般单穗留60～80粒，单粒重在12g以上。

树势较弱的树，可以每2根主梢留1穗果。为预防因疏果发生日灼、气灼等病害，疏果应选择阴天或晴天下午进行。疏果定产后尽早对果穗喷一次杀菌剂。

三、无核化保果处理

在阳光玫瑰花满开后48h之内分批用保果药剂浸果穗（图2-18），具体配方为：赤霉酸20～25mg/kg+氯吡脲或噻苯隆2～5mg/kg+碧护5 000倍液+必加3 000倍液。另外可加入海藻精、氨基酸等缓解保果后的副作用，同时需加入防治灰霉病、穗轴褐枯病的药剂。

图2-18　无核化保果处理

四、果实膨大处理

保果后一般10～14d后进行膨果，具体配方为：赤霉酸20～25mg/kg+氯吡脲或噻苯隆2～5mg/kg+必加6 000倍液+碧护5 000倍液+保美灵5 000倍液蘸果穗。另外可加入海藻精、氨基酸等，同时需加入防病药剂。

五、果实套袋

（一）选择适宜纸袋

选用葡萄专用袋。目前生产上常用的有绿色、白色、蓝色专用果袋（图2-19），有条件的可以选择用日光袋。

图2-19　阳光玫瑰套不同颜色果袋

（二）套袋前防病

套袋前应使用防治炭疽病和灰霉病的药剂，待药液干后套袋。同时应该注意蚜虫和粉蚧的防治。

（三）套袋时间

疏果完成后，果实进入硬核期套袋。套袋一般选择阴天或晴天16时以后进行，中午高温及雨后第1~2个晴天严禁套袋。

（四）套袋方法

先将手伸入袋中，使袋口和整个纸袋充分伸展膨胀，使果袋下角的两个通气孔完全张开，然后将果袋从果穗下部轻轻向上套，使果穗居于果袋中央，再用果袋一边的扎丝将果袋固定在穗轴柄上，只宜转动扎丝，以免扭伤果柄。

第六节　植物生长调节剂在葡萄上的应用

一、植物生长调节剂的概念

植物生长调节剂也称植物生长调节物质，是指那些从外部施加给植物，只要极小量就能调节、改变植物生长发育的化学试剂，是一类与植物激素具有相似生理效应的物质，它包括人工合成的化合物和从生物中提取的天然物质。

植物激素是植物体内合成的对植物生长发育有显著作用的微量有机物质，也被称为植物天然激素或植物内源激素。植物激素有5类：生长素类、赤霉素类、细胞分裂素类、乙烯类以及生长延缓剂和生长抑制剂。它们虽然都是些简单的小分子有机化合物，但它们的生理效应却非常复杂、多样，使用的技术要求较高。

二、植物生长调节剂的种类

（一）生长素类

生长素的作用具有双重性，较低浓度时促进生长，而较高浓度时抑制生长。生长素类在生产上应用主要是促进果实发育、扦插枝条生根、防止落花落果、提高果实耐贮性等。主要种类有吲哚乙酸（IAA）、吲哚丁酸（IBA）、萘乙酸（NAA）和2, 4-D。

（二）赤霉素类

赤霉素可以促进植物生长，主要是使细胞分裂和伸长。在生产上应用主要是可以使矮化苗恢复正常、打破种子休眠、诱导单性结实、促进无籽果实发育、抑制植物叶片老化、防止器官脱落等。主要种类有GA_3、GA_1、GA_4、GA_7。

（三）细胞分裂素类

细胞分裂素是一类促进细胞分裂、诱导芽形成促进其生长的物质，还有防止离体叶片衰老、保绿的作用。主要种类有6-苄基腺嘌呤（6-BA）、玉米素（ZT）、激动素（KT）、氯吡脲（CPPU）、噻苯隆（TDC）等。

（四）乙烯类

乙烯一方面有促进果实成熟的作用，可抑制茎和根的增粗生长、幼叶的伸展、芽的生长、花芽的形成；另一方面可促进茎和根的扩展生长、不定根及根毛的形成。主要种类有乙烯利、乙烯硅、吲熟酯和脱果硅等。

（五）生长延缓剂和生长抑制剂

生长延缓剂和生长抑制剂主要通过阻碍植物体内源激素的合成，具有抑制植物伸长、缩短节间、矮化植株等作用。主要种类有脱落酸（ABA）、矮壮素（CCC）、多效唑（PP333）、缩节胺（DPC）等。

三、植物生长调节剂在葡萄上的应用

（一）打破休眠

1. 打破葡萄种子休眠

将成熟饱满的葡萄种子浸泡于赤霉素溶液中16～24h。可打破葡萄种子休眠，使其不需经过低温春化处理即可萌发。

2. 打破葡萄芽的休眠

南方地区常因冬季气温较高，或是低气温的持续时间较短，或是采用大棚覆盖栽培，导致葡萄会出现低温不足的情况等。葡萄不能顺利通过正常休眠，则会出现发芽不整齐、发芽率低、枝梢生长不良、花器发育不完全、开花结果不正常等不良表现，进而直接影响产量和品质，因此需要借助破眠剂来打破葡萄芽的休眠。方法：用刷子蘸取石灰氮溶液（主要成分为单氰胺）涂抹芽或者结果母枝。

（二）促进生根

1.促进插条生根

可使用吲哚丁酸、萘乙酸或吲哚丁酸与萘乙酸的混合物。方法：选取芽眼饱满、2个芽以上的插条，下端在节以下0.5cm处平剪，用生长调节剂处理插条，分为速蘸法、慢浸法两种方法。

（1）速蘸法。把插条基部末端在500～1 000mg/L的高浓度吲哚丁酸、萘乙酸溶液中浸3～5s，或将基部末端蘸湿后插入植物生长调节剂的粉末中，使切口蘸匀粉末即可直接扦插，促进发根。

（2）慢浸法。将插条基部在较低浓度50～150mg/L的吲哚丁酸、萘乙酸溶液中浸泡12～18h后扦插，促进发根。

2.促进压条生根

可使用吲哚乙酸、萘乙酸或吲哚丁酸和萘乙酸混合物。方法：葡萄枝条压入地面时，可在压条前将嫩梢基部涂上较高浓度的上述药剂，对于压土后根生长不良的情况，可在叶面喷施上述药剂的溶液，促其生根。

（三）提高嫁接、定植成活率

提高嫁接成活率，可使用萘乙酸。方法：嫁接前先将砧木浸泡在清水中12～24h，然后将砧木倒置在10mg/L的萘乙酸溶液中48～72h，再嫁接，成活率可提高10%～20%。

提高定植成活率，可使用吲哚乙酸、萘乙酸、矮壮素。方法：在苗木移植前喷布矮壮素，可使根系发达，提高苗木质量，从而提高成活率。

（四）延缓生长

在温、光、水适宜的条件下，葡萄的枝蔓全年均可生长。肥水过量或修剪不当都会引起新梢的徒长，营养分配就不能平衡，不利于果实的生长和发育。生产上常用以下药剂抑制新梢的旺长。

1. 多效唑

多效唑可抑制副梢生长、缩短节间长度、促进花芽分化，并可增加果粒重。使用方法常为叶面喷施，施用后将会有显著的控制效应。

2. 矮壮素

矮壮素可抑制植物细胞的伸长和分裂，从而使植株矮化。主要方法是喷施，喷施后新梢生长量明显减少，副梢生长也有明显抑制作用。

3. 调节膦

调节膦对于控制葡萄的营养生长、促进树体矮化、提高产量品质、增强树势、促进光合作用、提高坐果及延迟秋叶变色时间均有明显效果。

（五）保果及无核化

1. 保果

为提高坐果率，首先须加强葡萄园的科学管理技术，采取营养调节措施，对园地进行土壤改良，增施有机肥，为葡萄根系生长发育创造良好条件，控制负载量，花前摘心控制副梢生长等栽培措施。此外还可以利用植物生长调节剂来保花保果。

2. 无核化

葡萄无核化就是通过良好的栽培技术和无核化处理相结合，使葡萄果实内原来有的种子软化或败育，使之无核、大粒。

需要特别强调，无核化处理的效果与树势、栽培管理、药剂浓度、使用时期、外界温度等都有密切关系，稍有不慎就会使穗梗硬化、容易产生落粒、裂果、空心等副作用。因此，无核剂应提倡在壮树、壮枝上使用，并以良好栽培管理为基础，尽量减少或消除不良副作用。应尽量选在晴朗无风天气用药，为了便于吸收和使浓度稳定，最好在8—10时或15—16时处理。

（六）增大果粒

葡萄膨大是通过提高果实中细胞分裂素的含量，增加单位体积的细胞数量，加快细胞横向增生能力来加速果实前期的生长发育；果实后期的膨大主要是靠生长素含量的提高而起的作用。但任何膨大剂都必须结合良好的栽培技术才能有好的效果，具体而言就是有足够的叶面积，并结合疏果、疏粒进行。

（七）促进果实成熟和提高果实品质

1. 果树促控剂（PBO）

能有效调控花、果中生长素、细胞分裂素与赤霉素的含量比率，从而促进成花和果实发育。主要功能有提高坐果率、增大果粒、提高果实品质、提早成熟等。

2. 脱落酸（ABA）

在果肉开始软化期使用可以促进果实成熟，还可以增加果实含糖量，提高果实风味和品质。

3. 烯效唑（S3307）

果实成熟期使用烯效唑喷果穗，可显著促进葡萄果皮花色素含量增加，使含糖量增加，有机酸含量下降，提高糖酸比，维生素C含量升高。

（八）提高果实耐贮性

1. GA_3+2, 4-D

葡萄果实采收后用GA_3和2, 4-D处理可显著提高保鲜效果。将GA_3配成3mg/L的水溶液，2, 4-D配成50mg/L的水溶液进行浸果，果穗全部浸入药液中，保持5min，取出风干，每3kg装入1个0.04mm聚乙酸薄膜袋中，不完全封口保持通气，平放于储物架上。果实耐压力、果柄耐拉力均有大幅度提高，鲜果梗、好果率也有不同程度提高。

2. NAA+6-BA

用NAA和6-BA混合液浸泡葡萄果穗能抑制果实内脱落酸的产生，从而抑制果实蒂部离层的形成，保持果蒂活力和抗性，使果蒂周围组织完好，防止病菌从蒂部侵入，延缓脱粒。

四、植物生长调节剂使用注意事项

一是必须重视综合栽培技术和使用植物生长调节剂相结合。使用植物生长调节剂只能作为栽培管理的辅助性措施，在葡萄上应用，必须以合理的土、肥、水和架面管理等综合栽培技术为基础，合理应用才能达到高产、优质、高效的目的，决不可取代基本的栽培管理技术。

二是植物生长调节剂活性高，使用不当极易对葡萄的生长发育产生负面影响，因此在生产上应用时一定要本着安全、稳妥、实效的原则，综合考虑，慎重、准确使用。

三是植物生长调节剂与植物激素类似，都属于植物生长调节物质，只要给植物微量施用就能调节、改变植物生长发育。但应用效果与地区、气候、树体状况、生育期以及用法、用量等不同而表现出较大的差异，甚至产生相反的效果。使用时一定要具体情况具体应对，最好在有专业技术人员指导下使用。

四是植物生长调节剂不属于营养物质，不具备肥效，只有在肥水充足、合理修剪枝叶、合理控产并及时疏花疏果等条件下才能充分发挥作用。

五是使用植物生长调节剂混配其他药剂时，必须使用干净的水源。药剂加入时严格按照配药顺序（先溶解晶状体→粉剂→水分散粒剂→悬浮剂→水剂）兑成母液后再稀释到使用倍数。

第三章　葡萄主要病虫害识别与防治

第一节　灰霉病

一、症状与识别

葡萄灰霉病在葡萄花期、成熟期表现的症状大不相同。

（一）花期灰霉病症状

灰霉病菌在花帽脱落前，侵染花序，造成腐烂或干枯而脱落。开花后期，病菌会频繁侵染逐渐萎蔫的花帽、雌蕊和败育或发育不良的幼果，这些花帽、雌蕊和败育的幼果如果遇到潮湿的小气候，会粘贴在果穗或果粒上。这样，病菌从这些粘贴的组织开始，侵染果梗和穗轴。这些受感染的果梗和穗轴开始形成小型的褐色病斑，之后病斑颜色逐渐加重。在夏末，这些病斑发展成围绕果梗或穗轴一圈的病斑，导致果穗萎蔫（在气候干燥时），或产生霉层导致整个果穗的腐烂（气候湿润时）。

（二）成熟期灰霉病症状

进入成熟期，灰霉病病菌可以通过伤口或表皮直接侵入果实。比较紧的果穗，果实互相挤压，先通过相邻的果粒传染，然后霉层会逐渐侵染整个果穗。如果气候干燥，被侵染的果粒干枯；如果气候湿润，果粒会破裂，并且在果实表面形成鼠灰色的霉层（图3-1）。

图3-1　葡萄灰霉病果穗萎蔫、果实发霉

二、发病规律

病菌主要以秋季枝条上形成的菌核越冬，或以菌丝体在树皮和休眠芽上越冬。田间遗留的带菌病残体也可以成为初侵染源。越冬后的菌核和菌丝体，在春天产生分生孢子，分生孢子随风雨传播和分散，对花序和幼叶进行初次侵染。侵染后的病组织很快形成新的分生孢子，继而进行再侵染。分生孢子在1～30℃都可以萌发（最适萌发温度是18℃），但要求有90%以上的湿度或有水分存在。如果有水分存在，在有外渗物作用下分生孢子很容易萌发。在适宜温度（15～20℃）和满足水分要求（相对湿度90%以上）的条件下，侵入需要15h；如果温度比较低，会需要更长的时间完成侵入。分生孢子萌发后，可通过感病葡萄品种的表皮直接侵入。如果有伤口存在，如虫害、白粉病、冰雹、鸟害等造成的伤口，会加速和促进病菌的侵入加重发病。开花后期，当气象条件适宜时，病菌还可以通过柱头或花柱侵入子房，这种侵入在当时不会造成任何症状，但会导致果实成熟期发病。贮运期间，该病害主要通过接触传播。

葡萄灰霉病大致有三次发病高峰，第一次是在花穗期，一般持续7～10d，主要为害花穗，较为严重，落花后发病较轻；第二次是在果实着色至成熟期，主要为害果实；第三次是贮运期，严重影响葡萄贮藏质量。随着避雨栽培的推广，霜霉病为害减轻，灰霉病的为害逐步上升，成为设施栽培的主要病害。

三、防治技术

在生产上避免疯长、避免郁闭和减少枝蔓上的枝条数量（增加通透性）、摘除果穗周围的叶片（增加通透性）、减少液态肥料喷淋，都有利于灰霉病的防治。农业防治措施只能作为辅助的预防措施，更为重要的是在防控关键点喷洒农药进行化学防治。

防治葡萄灰霉病的主要药剂有保护性杀菌剂：50%保倍福美双1 500倍液或80%福美双1 000~1 200倍或50%乙烯菌核利500倍液或50%腐霉利600倍液或50%异菌脲500~600倍液或25%异菌脲300倍液。内吸性杀菌剂：70%甲基硫菌灵800倍液或50%多菌灵500~600倍液或50%抑霉唑乳油3 000倍液或40%嘧霉胺800~1 000倍液或10%多抗霉素600倍液或50%啶酰菌胺1 500倍液。

第二节　炭疽病

一、症状与识别

葡萄炭疽病是前期感染，在葡萄成熟期或成熟后为害葡萄，是我国葡萄产区的重要病害之一。炭疽病主要为害果实，也侵染穗轴、当年的新枝蔓、叶柄、卷须等绿色组织。在幼果期，得病果粒表现为黑褐色病斑，基本看不到发展，等到葡萄成熟期（或果实呼吸加强时）才发病，初期为褐色、圆形斑点，而后逐渐变大并开始凹陷，在病斑表面逐渐生长出轮纹状排列的小黑点（分生孢子盘），天气潮湿时，小黑点变为小红点（肉红色），这是炭疽病的典型症状。严重时，病斑扩展到半个或整个果面，果粒软腐，或脱落或逐渐干缩形成僵果。我国有报道，炭疽病可以在穗轴或果梗上形成褐色、长圆形的凹陷病斑，影响果穗生长，发病严重时造成干枯，影响病斑以下的果粒（失水干枯或脱落）。穗轴、当年的新枝蔓、叶柄、卷须得病，一般不表现症状，在翌年有雨水时产生分生孢子盘，并释放分生孢子成为最主要的侵染源（图3-2）。

图3-2　葡萄果实感染炭疽病症状

二、发病规律

炭疽病是雨媒性和虫媒性病害。炭疽病的分生孢子团黏稠状，通过雨水湿润、冲打，或通过昆虫爬行携带，进行传播。避雨栽培能够避免雨水湿润和雨水飞溅，套袋栽培也能有效阻止分生孢子传播，所以能够防控葡萄炭疽病。

炭疽病通过当年生绿色组织上（枝条、卷须、穗轴、果梗等）越冬、接力式传播，所以清园措施是非常重要的防控方法。这个特征也为防控炭疽病提供了思路，最前期的防控是清园措施，发芽后的措施是阻止分生孢子器的形成，之后是阻止分生孢子形成、阻止分生孢子的传播和侵入等。所以，不同的时期防控的方向和措施不同。

炭疽病潜伏期长，主要在成熟期发病。幼果期可以得病，但在成熟期发病。所以，如果雨水推后，雨水造成的孢子传播与成熟期一致，就会导致葡萄炭疽病大发生。

三、防治技术

萌芽前要做好田间卫生，把修剪下来的枝条、叶片、病果粒、病果梗和穗轴收集到一起，清理出田间，集中处理（如发酵堆肥、高温处理、焚烧等）。这有助于降低田间病菌数量，是防治炭疽病的关键。另外采用避雨栽培、果穗套袋，能够非常有效地防控葡萄炭疽病。

发芽后到花序分离，应根据雨水情况使用药剂。如果雨水多，应使用2～3次药剂，可以选择80%必备400～600倍液、50%保倍福美双1 500倍液等药剂。喷药重点部位是"结果母枝"，其次是新梢、叶柄、卷须。

开花前、落花后至套袋前，结合防治其他病害进行规范防治，是防治炭疽病的最关键措施。可以根据雨水的情况，调整规范性防治措施。花序分离使用50%保倍福美双1 500倍液、开花前使用50%多菌灵600倍液或70%甲基硫菌灵800～1 000倍液，在防治其他病害的同时可以很好地防治炭疽病。落花后使用一次50%保倍福美双1 500倍液，结合套袋前其他措施，套袋前用合适的药剂处理果穗，是套袋葡萄防治炭疽病的关键措施。

转色期和成熟期，严格监测、适时保护。药剂以代森锰锌、美铵为主，套袋葡萄以波尔多液为主；不套袋葡萄以50%保倍福美双、代森锰锌、美铵为主。

第三节　霜霉病

葡萄霜霉病是一种古老的病害，也是世界第一大葡萄病害，霜霉病最早记录是1834年，1848年首次描述霜霉病的病原菌。1878年在法国西部发现葡萄霜霉病，1882年葡萄霜霉病就传遍了

法国，1885年传播到了整个欧洲大陆，1885年法国人米亚尔代
（Millardet）在波尔多地区发现了波尔多液，有效地控制了霜霉
病，使用至今都没有出现耐药性，波尔多液的发现使用，在葡萄栽
培史上具有划时代的意义。霜霉病主要为害葡萄叶片，造成叶片黄
化早衰、早落，影响树势和养分的合成与贮藏，造成果实品质下
降，严重的能造成冬季冻害、春季新梢缺素、花序发育不良甚至无
花绝收。在春季多雨地区，霜霉病还为害嫩梢、花序以及小幼果，
造成嫩梢扭曲坏死，花序、穗轴干枯，果粒脱落。

一、症状与识别

霜霉病的主要特征是在叶片背面形成白色的霉层，在叶片正
面出现黄色的病斑，在花序、幼果、果梗、嫩梢上产生白色的霉
层。霜霉病为害叶片，最初症状为叶片正面出现浅黄色细小的水渍
状斑点，随后在叶片背面长出白色霉层，随侵染时间的延续，病
斑颜色逐渐加深，发病严重时，叶片焦枯、脱落。在开花前后，
雨水多湿度大的情况下，霜霉病容易为害花序、花蕾，以及小幼
果、大幼果，菌丝由果柄、果蒂处侵染，在天气潮湿时，会出现白
色霉层；天气干旱、干燥时，得病的果粒凹陷、僵化、皱缩脱落
（图3-3）。

图3-3　葡萄霜霉病为害叶片和幼果症状

55

二、发病规律

引起葡萄霜霉病的病原菌是*Plasmopara viticola*（Berk. dt Curtis）Berl. et de Toni，属鞭毛菌亚门、霜霉目、单轴霉菌属真菌，是专性寄生。葡萄霜霉病菌以卵孢子在病组织中越冬，或随病叶残留于土壤中越冬。在翌年适宜条件下卵孢子萌发产生芽孢囊，再由芽孢囊产生游动孢子，借风雨传播，从叶背的气孔侵入，进行初次侵染。经过7~12d的潜育期，在病部产生孢囊梗及孢子囊，孢子萌发产生游动孢子进行再次侵染。孢子囊萌发适宜温度为10~15℃。游动孢子萌发的适宜温度为18~24℃。秋季低温，多雨多露，易引起病害流行。果园地势低洼、架面通风不良、树势衰弱，有利于病害发生。

三、防治技术

降低田间湿度、减少病原菌能有效地减轻霜霉病为害，结合有效的化学防控，能最大限度地降低霜霉病的为害。主要的物理防治措施有建立完善的排涝系统、做好田间卫生（清园措施、处理落叶和病残枝条）、控制合理的叶幕等。主要的化学防治药剂分保护性杀菌剂和内吸性杀菌剂两大类。

（一）保护性杀菌剂

波尔多液，属于铜制剂，触杀型，可用于发病前的预防或者是发病后配合内吸性治疗剂使用（果穗没套袋的时候最好不使用，容易在果面上留药斑），耐雨水冲刷。该药剂一般是现配现用，分等量式［生石灰：硫酸铜：水=1：1：（200~220）］和半量式［生石灰：硫酸铜：水=0.5：1：（200~220）］，露地栽培在雨季霜霉病严重的时候可以在波尔多液里加入50%金科克1 000倍液，效果更好，因为波尔多液是碱性农药，容易和金科克起反应，配好药后要尽快用完，不能长时间放置。波尔多液在葡萄上使用已经有100

多年，没有抗药性，是最优秀的保护剂之一。

50%保倍福美双，可以用于花前、花后，发挥其广谱和持效长的优点，也可以在霜霉病大发生时配合内吸性治疗剂使用，一般使用浓度为1 500～2 000倍液。

25%吡唑醚菌酯，它是一种新型广谱杀菌剂，通过抑制线粒体呼吸作用，最终导致细胞死亡，具有保护、治疗、叶片渗透传导作用，主要用于防治作物上由真菌引起的多种病害，吡唑醚菌酯除对病原菌有直接作用外，还能诱变许多作物尤其是谷物的生理现象，如提高对氮的吸收，从而促进作物快速生长，提高作物产量，从而达到作物高产的目的。

（二）内吸性杀菌剂

50%金科克：金科克是生产中效果优异的霜霉病治疗剂，主要成分是烯酰吗啉，内吸传导性良好，但在一个生长季连续使用容易产生抗药性，金科克在葡萄上施用2 000～4 000倍液。

80%霜脲氰：霜脲氰具有渗透性，能进入葡萄植株内部，起到杀菌和抑菌作用，由于近些年大量应用和盲目施用，抗药性比较严重。目前常见的是72%或者是36%的与代森锰锌的混配产品。

三乙膦酸铝（乙膦铝、异霜灵）：通常施用600倍液，三乙膦酸铝能上下传导，是治疗葡萄霜霉病的有效药剂，在有些地区抗药性严重，建议与其他药剂交替施用。

第四节　白腐病

一、症状与识别

白腐病是枝条上有密密麻麻黑点的真菌性病害，由座蜩菌引起的与葡萄溃疡病不同，2009年在浙江发现，最初果农发现治疗白腐病发病时期在封穗到转色期，溃疡病发病主要是在转色到成熟期，溃疡病引起花叶，枝干上有梭形病斑。

　　葡萄白腐病病菌主要侵染果实、幼茎和花序等，其中以果实为害最重，常使果实腐烂和落粒。果穗发病初期是果穗下部的穗轴、小穗梗和果梗变成淡褐色水浸状，逐渐沿着果梗向果穗蔓延，最后导致果粒组织腐败坏死，后期受害果面上布满灰白色至褐色小颗粒的分生孢子器，果粒极易脱落。潮湿时整个果穗腐烂脱落，重病葡萄园的地面散落大量病果穗和果粒。空气干燥时，果穗干枯萎缩，果粒变成褐色僵果悬挂于穗上，不易脱落。枝蔓和新梢发病，往往出现在农事操作受损伤部位，病斑开始呈不规则淡褐色的水渍状，纵横扩展后成梭形斑，略凹陷，表面生出灰白色小粒点，引起上部枝叶枯黄，后期病皮组织纵裂成麻丝状。发病严重时，枝蔓枯死易折断。叶片发病，多从叶尖、叶缘开始，前期呈淡褐色水渍状的近圆形或不规则斑点，逐渐扩大成具有环纹的大斑，后期湿度大时病斑上着生灰白色小粒点，叶片枯死易破裂（图3-4）。

图3-4　葡萄枝干和果穗感染白腐病的症状

二、发病规律

病菌主要以分生孢子器、菌丝体随病残组织在土壤和枝蔓上越冬。翌年春季，环境条件适宜时，病菌产生分生孢子，随风、雨水飞溅传播，通过伤口、自然孔口侵入，侵染适宜温度为24～27℃，潜伏3～5d后即可发病，果实变色时开始发病。以后在病斑上产生分生孢子器及分生孢子，分生孢子散发后引起再次侵染。白腐病具有潜伏侵染现象。葡萄白腐病发生与生育期、温度、湿度和降水量有密切关系。

三、防治技术

白腐病病菌的来源是土壤，覆盖除草布、生草栽培、高架栽培等都能在一定程度阻止白腐病的分生孢子传播到葡萄树上，尤其是果穗上。葡萄谢花后至套袋前是防治白腐病为害果穗的最重要时期，主要使用的杀菌剂有20%苯醚甲环唑3 000倍液、97%抑霉唑4 000倍液、80%戊唑醇6 000倍液、50%多菌灵600倍液或者70%甲基硫菌灵800倍液。

在特殊时期进行化学防控，修剪枝条、疏花疏果、遇到冰雹灾害等出现大面积伤口的时期，尤其是冰雹后，必须使用杀菌剂，比如保倍福美双、代森锰锌、克菌丹等保护性杀菌剂，或用苯醚甲环唑、烯唑醇、抑霉唑等内吸性杀菌剂。一般冰雹后12～18h使用农药。据有关资料，冰雹后12～18h使用克菌丹，防治效果在75%以上；如果21h使用，防治效果为50%；超过24h，基本没有防治效果（30%以下）。所以，冰雹过后必须及时使用药剂。

在葡萄生长季，还应该控制氮肥施用量，避免氮肥过量，氮肥过量往往会导致葡萄对白腐病等多种病害的敏感性增强，增大病害的发病率。

第五节　溃疡病

一、症状与识别

葡萄溃疡病是由葡萄座腔菌属引起的一种真菌病害，葡萄溃疡病在我国主要为害果穗及嫩梢，田间发病率在30%～50%，严重的在80%以上，但在甘肃也发现了个别死树现象，因此该病害对葡萄枝干的潜在为害无疑是我国葡萄产业的一大隐患。葡萄溃疡病病原菌主要以有性或是无性孢子通过弹射、风媒、雨水喷溅、喷灌等方式在不同植株之间传播。

葡萄溃疡病为害穗轴，穗轴出现黑褐色病斑，向下发展引起果梗干枯致使果实腐烂脱落，有时果实不脱落，逐渐干缩。为害枝蔓使当年生枝蔓上出现灰白色梭形病斑，维管束变褐；多年生枝蔓上形成溃疡斑，为害后期在病部产生小黑点。

二、发病规律

葡萄溃疡病可以在病枝条、病果等病残组织上越冬，在适宜条件下分生孢子通过气流、水分传播，病菌主要是通过伤口侵染，新伤口更容易侵染，树势弱或者负载量大的葡萄更容易感染溃疡病。

三、防治技术

树势弱的植株容易感染溃疡病，在生产中要合理疏果，严格控产，加强水肥管理，增强树势，提高树体抗病能力，另外避雨栽培也有效防控溃疡病的发生。此外，在花前花后，使用2～3次50%醚菌酯福美双可湿性粉剂，可以有效控制溃疡病病菌的菌丝生长势；在疏果修穗后使用25%汇葡5 000倍液处理果穗，能有效降低溃疡病的发病率。

四、葡萄溃疡病与葡萄白腐病的区别

溃疡病和白腐病比较相似，容易混淆，从目前情况看，许多人把溃疡病当作白腐病。虽然溃疡病和白腐病都侵染果穗和枝蔓，但二者还是有明显的区别。

（一）果穗上的区别

葡萄溃疡病从果穗下部开始出现变褐的症状，以后慢慢向上扩展，严重时整个果穗都变褐；而白腐病一般是穗轴和果梗先发病，而后向果实蔓延。溃疡病一般不为害果粒，因为穗轴被侵染变褐、干枯导致果实变软皱缩，有时掉粒有时不掉粒；白腐病导致穗轴或果梗发病后，果实开始发病，果实发病后表现为淡色软腐，整个果粒没有光泽，因果实发病腐烂，果刷部分不能持力，所以果粒容易脱落。葡萄溃疡病后期在穗轴或枝蔓上有小黑点，在果实上没有小黑点；白腐病主要在果实上形成小粒点，在表皮下形成，但不突破表皮，成熟的分生孢子器为灰白色的小粒点，使果粒表现发白。

（二）枝蔓上的区别

枝蔓受白腐病为害初期病斑为长型、凹陷、褐色、坏死斑，之后病斑干枯、撕裂，皮层与木质部分离，纵裂成麻丝状。溃疡病在枝条上形成的溃疡斑，皮层与木质部不会分离，也不会纵裂成麻丝状。

第六节　白粉病

一、症状与识别

葡萄白粉病主要为害叶片、枝梢及果实等部位，以幼嫩组织最敏感。果实受害，先在果粒表面产生一层灰白色粉状霉，擦去白

粉，表皮呈现褐色花纹，最后表皮细胞变为暗褐色，受害幼果容易开裂。叶片受害，在叶表面产生一层灰白色粉质霉，逐渐蔓延到整个叶片，严重时病叶卷缩枯萎（图3-5）。新枝蔓受害，初呈现灰白色小斑，后扩展蔓延使全蔓发病，病蔓由灰白色变成暗灰色，最后黑色。

图3-5　白粉病为害葡萄叶片症状

二、发病规律

葡萄白粉病以菌丝体在被害组织内或芽鳞间越冬。翌年条件适宜时产生分生孢子，分生孢子借气流传播，侵入寄主组织后，菌丝蔓延于表皮外，以吸器伸入寄主表皮细胞内吸取营养。分生孢子萌发的最适温度为25～28℃，空气相对湿度较低时也能萌发。葡萄白粉病一般在6月中下旬开始发病，7月中旬渐入发病盛期。夏季干旱或闷热多云的天气有利于病害发生。葡萄栽植过密，枝叶过多，通风不良时利于发病。

葡萄上的许多重要病害如霜霉病、炭疽病、灰霉病、黑痘病等发生和流行都与降雨及果园的高湿度有密切关系，可以说降雨多少及时间长短对病害发生具有直接影响。但是白粉病与这些病害不同，水成为限制白粉病流行的因素。可以说没有雨水，是白粉病流行的条件。总体上，雨水比较多的地区白粉病发病少、比较轻，雨水比较少的地区（如新疆、甘肃、宁夏、河北北部的干旱区等）发生普遍、为害比较严重。随着我国南方地区避雨栽培及其他设施栽培面积的扩大，白粉病成为这些葡萄园的重要病害。

干旱地区、设施栽培，葡萄白粉病会为害比较严重，是重要病害。葡萄白粉病的发生是由以下特点和流行规律决定的。

（一）相对湿度

相对湿度不是分生孢子萌发的限制因素，相对湿度比较低时（20%），也可以萌发；白粉病分生孢子的萌发和侵入适宜相对湿度为40% ~ 100%；相对湿度小，白粉病照样发生；相对湿度大，白粉病发生更严重。

（二）水

水的存在对白粉病发生不利，因为水分会造成分生孢子吸水破裂、不能萌发。

（三）雨水

雨水对白粉病发生不利，因为雨水会冲刷掉分生孢子，破坏表面的病菌菌丝，造成分生孢子吸水破裂。

（四）光照

寡光照（低光照）、散光，对白粉病发生有利；强光照对白粉病发生不利。有研究表明，在散光条件下（其他条件相同）47%分生孢子萌发，而强光条件下萌发率只有16%。

（五）白粉病的流行规律

越冬菌源是白粉病流行的基础条件。病菌数量，决定是否能够流行。

从以上白粉病5个发生特点可以看出，水和湿度是白粉病流行的限制因素，没有水、湿度也比较大，是白粉病流行的条件。设施栽培的葡萄（避雨栽培、温室、大棚）没有雨水、湿度大、光线弱，最有利于白粉病的发生和流行；生长季节干旱的葡萄种植区，没有雨水、葡萄架下湿度也比较大、光线弱，有利于白粉病的发生和流行。所以说白粉病是设施葡萄和干旱地区葡萄的重要病害。

三、防治技术

（一）减少越冬病原菌数量

减少越冬病原菌的数量，是防治白粉病、控制白粉病为害的基础。包括3方面的措施：第一，田间卫生，也就是病组织（枝条、叶、果穗、卷须）的清理；第二，发芽前的防治措施；第三，结合田间操作，去除病芽、病梢。

（二）发芽后的防治

发芽后的防治，是控制白粉病流行的关键。白粉病的分生孢子在芽鳞中越冬，或以菌丝形式在枝蔓上越冬；发芽后侵染或产生第一批分生孢子进行传播。所以，发芽后的2~3叶期，是防控白粉病的关键时期。

（三）开花前后的防治

开花前后，结合其他病虫害的防治，使用药剂，控制白粉病流行的病菌数量。在设施栽培葡萄园，葡萄开花前后是控制白粉病流行的重要时期，应使用药剂控制白粉病病菌的数量，一般结合灰霉病、穗轴褐枯病、炭疽病、黑痘病等，进行总体防治。

（四）果实生长中后期的防治

果实生长的中后期，对田间白粉病的发生情况进行监测。

前期防控措施得当，能控制白粉病的为害，但应该注意中后期田间监测。当白粉病发生比较普遍，或可能对生产造成影响时，使用药剂，控制为害。

（五）白粉病的化学防控

在葡萄芽膨大而未发芽前喷3～5波美度石硫合剂或45%晶体石硫合剂40～50倍液，发病初期喷药防治，10%氟硅唑1 500倍喷雾、70%甲基硫菌灵可湿性粉剂1 000倍液，乙嘧酚800倍液，40%多·硫悬浮剂600倍液，50%硫悬浮剂200～300倍液，20%三唑酮·硫黄悬浮剂2 000倍液，56%嘧菌酯600倍液。

第七节　黑痘病

一、症状与识别

葡萄黑痘病主要为害幼嫩的叶片、果粒、穗轴、果梗、新梢、卷须等。叶片发病，开始出现针头大红褐色至黑褐色斑点，周围有黄色晕圈。后病斑扩大呈圆形或不规则形，中央灰白色，稍凹陷，边缘暗褐色或紫色，直径1～4mm。干燥时病斑自中央破裂穿孔，但病斑周缘仍保持紫褐色的晕圈。叶脉发病，病斑呈梭形，凹陷，灰色或灰褐色，边缘暗褐色。叶脉被害后，由于组织干枯，常使叶片扭曲，皱缩。穗轴发病，发病使全穗或部分小穗发育不良，甚至枯死。果梗患病要使果实干枯脱落或僵化。

幼果发病，初期为圆形深褐色小斑点，后扩大，直径可达2～5mm，中央凹陷，呈灰白色，外部仍为深褐色，而周缘紫褐色似"鸟眼"状。多个病斑可连接成大斑，后期病斑硬化或龟裂。病果小而酸，失去食用价值。染病较晚的果粒，仍能长大，病斑凹陷不明显，但果味较酸。病斑限于果皮，不深入果肉。空气潮湿时，病斑上出现乳白色的黏质物，此为病菌的分生孢子团。

新梢、蔓、叶柄或卷须发病时，初现圆形或不规则小斑点，以后呈灰黑色，边缘深褐色或紫色，中部凹陷开裂。新梢未木质化以前最易感染，发病严重时，病梢生长停滞，萎缩，甚至枯死。叶柄染病症状与新梢相似（图3-6）。

图3-6　葡萄叶脉和果实感染黑豆病症状

二、发病规律

葡萄黑痘病在我国各地均有发生。葡萄黑痘病的流行和降雨、大气湿度及植株幼嫩情况有密切关系，尤以春季及初夏（4—6月）雨水多少的关系最大。多雨高湿有利于分生孢子的形成、传播和萌发侵入；同时，多雨、高湿，又造成寄主幼嫩组织的迅速成长，因此病害发生严重。天旱年份或少雨地区，发病显著减轻。葡萄黑痘病的发生时期因地区气候的差异而有所不同。

三、防治技术

及时套袋能有效降低黑痘病的发病率，在整穗及疏果结束后立即开始套袋，雨季来临前结束。在雨后高温天气或阴雨连绵后突然放晴的天气不宜套袋，套袋时间以晴天为好，要避开露水、药剂未干及中午强光时段套袋。

该病是葡萄生产中的早期病害，主要是防止幼嫩的叶、果、枝蔓发病。在做好清园越冬防治的基础上，生长季节的关键用药时期是花前半月、落花70%～80%和花后半月这3次。在开花前后各喷1次1∶0.7∶250的波尔多液或10%世高水分散粒剂2 000倍液或500倍液的百菌清或杜邦抑快净52.5%水分散粒剂2 000倍液，70%甲基硫菌灵1 000倍液或50%多菌灵600倍液。此后，每隔半月喷1次1∶0.7∶240的波尔多液或70%代森锰锌800倍液或可杀得2 000倍液或世高2 000倍液，可有效地控制葡萄黑痘病的发展。喷药前如能仔细地摘除已出现的病梢、病叶、病果等则效果更佳。特别注意，铜制剂是控制黑痘病的最基础和最关键的药剂。

第八节　穗轴褐枯病

一、症状与识别

葡萄穗轴褐枯病主要为害葡萄幼嫩的花序轴或花序梗，也为害幼小果粒。花序轴或花序梗发病初期，先在花序的分枝穗轴上产生褐色水浸状斑点，淡褐色水渍状病斑，扩展后渐渐变为深褐色、稍凹陷的病斑，湿度大时斑上可见褐色霉层，即病菌分生孢子梗和分生孢子；扩展后致花序轴变褐坏死，后期干枯，其上面的花蕾或花也将萎缩、干枯、脱落，干枯的花序轴易在分枝处被风折断脱落；发生严重时，花蕾或花几乎全部落光（图3-7）。

谢花后的小幼果受害，形成黑褐色、圆形斑点，直径约0.2mm，仅为害果皮，随果实增大，病斑结痂脱落，对生长影响不大。幼果稍大（黄豆大小）时，病害就不再侵染。穗轴褐枯病为害小幼果，病斑部分后期没有果粉、容易裂果，对果实内在品种（风味、含糖量等）影响不大。

开花前后多雨，容易发生穗轴褐枯病的为害。

图3-7　葡萄穗轴褐枯病为害花序症状

二、发病规律

病原菌以分生孢子和菌丝体在枝蔓表皮、病残体及芽鳞和散落在土壤中的病残体上越冬。当花序伸出至开花前后，病原借风雨传播，侵染幼嫩穗轴及幼果。

葡萄不同品种对葡萄穗轴褐枯病抗性有一定差异，巨峰品种发病最重，其次为红香水和白香蕉。高抗品种有龙眼、玫瑰露、康拜尔早、马奶子、红葡萄、红提、密而紫，玫瑰香则几乎不发病。随着树龄增加，葡萄抗病性降低。

阴雨天气利于发病和蔓延。地势低洼、偏施氮肥、通风透光不良、管理不善的果园以及老弱树发病重。5月上旬至6月上中旬的低温多雨有利于病原的侵染蔓延。

三、防治技术

（一）防控葡萄穗轴褐枯病的关键

穗轴褐枯病只是在开花前后为害葡萄，并且与天气、品种等关系密切。尤其是不抗病品种，必须在天气条件适宜的情况下，在花序分离期、开花前、落花后3个时期使用药剂。一般情况下，结合灰霉病、黑痘病、炭疽病的防控，在花序分离期、花前、花后使用药剂。

（二）其他防控措施

品种间对穗轴褐枯病抗病性差异比较大，巨峰系品种感病，欧亚种一般比巨峰系品种抗病；在为害严重地区，选择种植抗病品种。

结合修剪，做好清园工作，清除越冬菌源。

加强栽培管理，控制氮肥用量，增施磷钾肥，同时做好果园通风透光、排涝降湿，也有降低发病的作用。

（三）有效防控药剂

1. 保护性杀菌剂

50%保倍福美双1 500倍液，80%福美双1 000~1 200倍液，50%保倍3 000倍液，代森锰锌（42%代森锰锌SC 600~800倍液、80%代森锰锌800倍液）等。

2. 内吸性杀菌剂

70%甲基硫菌灵800倍液或50%多菌灵500~600倍液；10%多抗霉素600倍液或3%多抗霉素200倍液；50%乙霉威+多菌灵600~800倍液；80%戊唑醇8 000倍液；20%苯醚甲环唑3 000倍液等。

第九节 日烧病与气灼病

葡萄日烧病和气灼病在阳光玫瑰以及红地球、美人指等欧亚种葡萄品种上的发生日益严重，已成为葡萄上的重要生理性病害。在葡萄生产中，果农常常把气灼病误认为日烧病。严格地讲，两者在发生时期、为害症状等方面存在明显不同，应区别对待。

一、症状与识别

（一）日烧病

葡萄日烧病是由阳光直接照射果实造成局部细胞失水而引起的一种生理病害。发病初期果实阳面由绿色变为黄绿色，局部变白，继而出现火烧状褐色椭圆形或不规则形斑点，后期扩大形成褐色凹陷斑。病斑初期仅发生在果实表层，内部果肉不变色。

（二）气灼病

气灼病一般发生在幼果期，从落花后45d左右，至转色前均可发生，以幼果期至封穗期发生最为严重。首先表现为失水、凹陷、浅褐色小斑点，并迅速扩大为大面积病斑，整个过程基本上在2h内完成。病斑面积一般占果粒面积的5%～30%，严重时一个果实上会有2～5个病斑，从而导致整个果粒干枯。病斑开始为浅黄褐色，而后颜色略变深并逐渐形成干疤。病斑常发生在果粒近果梗的基部或果面的中上部，在果粒的侧面、底部也可发生。发生部位与阳光直射无关，在叶幕下的背阴部位，果穗的背阴部及套袋果穗上均会发生。如土壤湿度大（水浸泡一段时间后）、遇雨水后，若忽然高温，在有水珠的部分易出现气灼病（图3-8）。

气灼病发生情况在品种间有差异，如红地球、龙眼、白牛奶等品种气灼病相对较易发生。葡萄套袋，尤其是套袋前大量疏果会引起或加重气灼病的发生。土壤通透性差（土壤黏重、长期被水浸泡）、土壤干旱、土壤有机质含量低，会引起或加重气灼病的发生。

图3-8　葡萄果实日烧病与气灼病症状

二、发病规律

日烧病发生的直接原因是果实受到太阳光暴晒造成，通常在6—7月发生。植株结果过多，树势衰弱，叶幕层发育不良，会加重日烧病的发生。

气灼病是由于"生理性水分失调"造成的，与特殊的气候、栽培管理条件密切相关。任何影响葡萄水分吸收、加大水分流失和蒸发的气候条件、田间操作，都会引起或加重气灼病的发生。一般情况下，连续阴雨后，土壤含水量长期处于饱和状态，天气转晴后的高温、闷热天气，易导致气灼病发生。这可能是由于根系被水长时间浸泡后功能降低，影响水分吸收；而高温需要蒸腾作用调节体温，需要比较多的水分，植株需水与供水发生矛盾，导致水分生理失调而发生气灼病。

总体上说，日烧病是由于太阳直接照射产生的灼伤，气灼病是由于根系吸收的水分不够葡萄植株消耗，导致果实的生理失水。

三、防治技术

（一）气灼病的防治技术

葡萄气灼病的防治，从根本上是保持水分的供求平衡。因此，防治气灼病要从保证根系吸收功能的正常和水分的稳定供应入手。

1. 首先要培养健壮、发达的根系

可采用增施有机肥来提高土壤通透性、调整负载量、防治根系和地上部病虫害等措施，有利于根系呼吸和根系功能正常，避免或减轻气灼病。

2. 水分的供应

包括土壤水分供应和水分在葡萄体内的传导两个方面。大幼果期易发生气灼病，尤其是套袋前后，要保持充足的水分供应。水分供应一般注意两个问题：一是土壤不能缺水。缺水后要注意浇水。滴灌是最好的浇水方法，如果大水漫灌，要注意灌溉时间，一般在18时至早晨浇水，避免中午浇水。二是保持水分。有机质含量丰富、覆盖草或秸秆等，都有利于土壤水分的保持，减少或避免气灼病。另外，主蔓、枝条、穗轴、果柄出现问题或病害，会影响水分的传导，引起或加重气灼病的发生。尤其是穗轴、果柄的病害，如霜霉、灰霉、白粉等病害及镰刀菌、链格孢为害，均影响水分传导。所以，花前花后病虫害的防治，尤其是花序和果穗的病虫害防治非常重要。从近几年的调查看，病虫害规范防治的葡萄园，有效避免或减少穗轴、果柄伤害，能减轻或避免气灼病的发生。

3. 协调地上部和地下部的平衡关系

如果根系弱，要减少地上部分的枝、叶、果的量，保持地上部和地下部分的协调一致，会减轻和避免气灼病。

（二）日烧病的防治技术

防止葡萄果实日烧病的最主要措施是合理布置架面、注意选留果穗，尽量避免果实直接遭受日光照射，尤其是在架面西南方位更应注意果穗上方周围有适当的叶片；同时应注意在气温较高的时期，保证土壤供水；调整负载量，保证树势健壮。

对于容易造成日烧的品种或植株生长部位，使用伞袋可以有效减少日烧病。

第十节　绿盲蝽

一、形态特征

绿盲蝽，成虫体长5mm，宽2.2mm，绿色，密被短毛。头部三角形，黄绿色，复眼黑色突出，无单眼，触角4节丝状，较短，约为体长2/3，第2节长等于第3节和第4节之和，向端部颜色渐深，第1节黄绿色，第4节黑褐色。前胸背板深绿色，布许多小黑点，前缘宽。小盾片三角形微突，黄绿色，中央具1浅纵纹。前翅膜片半透明暗灰色，余绿色。足黄绿色，后足腿节末端具褐色环斑，雌虫后足腿节较雄虫短，不超腹部末端，跗节3节，末端黑色。卵长1mm，黄绿色，长口袋形，卵盖奶黄色，中央凹陷，两端突起，边缘无附属物。若虫5龄，与成虫相似。初孵时绿色，复眼桃红色。2龄黄褐色，3龄出现翅芽，4龄超过第1腹节，2~4龄触角端和足端黑褐色，5龄后全体鲜绿色，密被黑细毛；触角淡黄色，端部色渐深。眼灰色。

二、生活习性

绿盲蝽一年发生3~7代，主要以卵在树皮、芽眼间、枯枝断面、浅层土壤中越冬，3—4月越冬卵开始孵化，并且孵化比较整齐，3月下旬葡萄萌芽后就开始为害，4月上旬展叶期为害最为严重，5月上旬幼果期开始为害果粒，5月末，气温升高，虫口减少，在夏季，绿盲蝽世代重叠现象严重，10月开始产卵越冬。

三、为害

绿盲蝽的寄主植物多，果树、蔬菜、棉花、苜蓿等多类作物，近年来葡萄种植面积扩大，绿盲蝽在葡萄上的为害日益严重，已经成为葡萄上的重要虫害之一。

绿盲蝽以若虫、成虫刺吸为害葡萄的幼芽、嫩叶、花蕾和幼果，刺的过程分泌毒质，吸的过程吸食植物汁液，造成为害部位细胞坏死或畸形生长。绿盲蝽对葡萄叶片的为害初为褐色点状坏死，随着叶片生长小点扩大成片，最后形成不规则的多角形孔洞，叶片皱缩变形。绿盲蝽对葡萄幼果的为害初为小黑点，黑点扩大，在为害初期，小黑点刺入表皮（图3-9），经解剖发现，小黑点甚至深至果肉，斑点之间连接的为凸起的划痕状斑，且用手可以拭去，这是斑痕时间较久以后的情况。

图3-9　葡萄绿盲蝽为害花序和果实

由于绿盲蝽的成虫飞行能力强，幼虫活泼，爬行速度快，白天潜伏，稍受惊动，迅速爬迁，白天不易发现，主要于清晨和傍晚在芽、嫩叶及幼果上刺吸为害，等发现为害症状的时候，虫子早已不知去向。

四、防治技术

越冬前清除枝蔓上的老树皮、剪除有卵的剪口、枯枝等，减少、切断绿盲蝽越冬虫源。还可以在萌芽期全园喷洒3~5波美度的石硫合剂，消灭越冬卵和刚孵化出的若虫，在展叶期，低龄幼虫容易杀死，要及时喷洒农药进行化学防控，常用的药剂有联苯菊酯、吡虫啉、啶虫脒、溴氰菊酯等。绿盲蝽喜潮湿，连续降雨后田间绿盲蝽种群数量剧增，为害严重，因此，在早春雨后或多雨季节，应及时防治，以免延误最佳防治时机。

第十一节　蓟　马

一、形态特征

蓟马，身体黑色、褐色或黄色；头略呈后口式，口器锉吸式，能锉破植物表皮，吸吮汁液；触角6~9节，线状，略呈念珠状，一些节上有感觉器；翅狭长，边缘有长而整齐的缘毛，脉纹最多有两条纵脉；足的末端有泡状的中垫，爪退化；雌性腹部末端圆锥形，腹面有锯齿状产卵器，或呈圆柱形，无产卵器。

二、生活习性

蓟马一年四季均有发生，春、夏、秋三季主要发生在露地，冬季主要在温室大棚中，为害茄子、黄瓜、芸豆、辣椒、西瓜等作物。发生高峰期在秋季或入冬的11—12月，3—5月则是第二个高峰期。雌成虫主要进行孤雌生殖，偶有两性生殖，极难见到雄虫。卵散产于叶肉组织内，每雌产卵22～35粒。雌成虫寿命8～10d。卵期在5—6月为6～7d。若虫在叶背取食到高龄末期停止取食，落入表土化蛹。

该科昆虫广泛分布在世界各地，食性复杂，主要有植食性、菌食性和捕食性，其中植食性占一半以上，是主要的经济害虫之一。它们常以锉吸式口器锉破植物的表皮组织吮吸其汁液，引起植株萎蔫，造成籽粒干瘪，影响产量和品质。

蓟马喜欢温暖、干旱的天气，其适温为23～28℃，适宜空气湿度为40%～70%；湿度过大不能存活，当湿度达到100%，温度达31℃时，若虫全部死亡。在雨季，如遇连阴多雨，葱的叶腋间积水，能导致若虫死亡。大雨后或浇水后致使土壤板结，使若虫不能入土化蛹和蛹不能孵化成虫。

三、为害

蓟马类害虫主要以若虫和成虫锉吸葡萄幼果、幼嫩叶片等的汁液进行为害。幼果受害初期，果面上形成纵向的黑斑，使整穗果粒呈黑色；后期果面形成纵向木栓化褐色锈斑，严重时会引起裂果，降低果实的商品价值。2010年作者团队室内及田间试验表明，蓟马为害葡萄果实无明显症状，偶尔在果实上发现有小黑点，没有发现龟裂、烂果等现象。蓟马为害叶片的受害后先出现褪绿黄斑，后变小，发生卷曲，甚至干枯，有时还出现穿孔。

四、防治技术

（一）农业防治

清除葡萄园杂草，烧毁枯枝落叶，保持园内整洁。初秋和早春集中消灭在其他作物上为害的蓟马，以减少虫源。

（二）化学防治

蓟马为害严重的葡萄园需要药剂防治，喷药的关键时期应在开花前1～2d或初花期，可喷低毒高效杀虫剂2.5%联苯菊酯、5%甲维盐或2.5%溴氰菊酯，喷药后5d左右检查，如仍发现虫情较重时，立即进行第二次喷药。

第十二节　葡萄介壳虫

在葡萄上为害的介壳虫主要有东方盔蚧、康氏粉蚧、葡萄粉蚧。

一、东方盔蚧

（一）东方盔蚧的形态特征

东方盔蚧又叫远东盔蚧、扁平球坚蚧等，成虫黄褐色或红褐色，扁椭圆形，体长3.5～6.0mm，体宽3.5～4.5mm，体背中央有4纵排断续的凹陷，凹陷内外形成5条隆脊。体背边缘有横列的皱褶排列较规则；卵呈长椭圆形，浅黄色，近孵化时呈粉红色，卵上有一浅层蜡质白粉。初龄若虫扁椭圆形，浅黄色，触角和足发达，具有一对尾毛；3龄若虫黄褐色，形似成虫；越冬2龄若虫体赭褐色，椭圆形，上下较扁平，体外有一层极薄蜡层，虫体周边多锥形刺毛。

（二）东方盔蚧的生活习性

东方盔蚧在葡萄上每年发生2代，以2～3龄若虫在枝干裂缝、老皮下及叶痕处越冬（图3-10）。翌年3月中下旬开始活动，爬到枝条上寻找适宜场所固着为害。4月上旬虫体开始膨大，4月末雌虫体背膨大并硬化。5月上旬开始产卵在体下介壳内，5月中旬为产卵盛期。卵期1个月左右。5月下旬至6月上旬为卵孵化盛期，若虫爬到叶背固着为害，少数寄生于叶柄。叶片上的若虫于6月中旬先后蜕皮并迁回枝条，7月上旬羽化为成虫，7月下旬至8月上旬产卵；第2代若虫8月孵化，8月中旬为孵化盛期，10月间迁回到枝干裂缝处越冬。雌虫不论交配与否均能产卵繁殖，1头雌虫能产卵1 400～2 700粒。

图3-10　东方盔蚧为害症状

（三）东方盔蚧的防治技术

在冬季刮去主干粗皮，集中烧毁，并在树干上用石灰水掺石硫合剂涂白，可大幅度降低越冬的虫口密度。春季若虫向枝梢迁移前，在主干分叉处涂蓟环（废机油混合25%噻虫嗪或24%螺虫乙酯）可阻止若虫上树。每年春季当植物花芽膨大时，寄生蜂还未出现，若虫分泌蜡质介壳之前，向植物上喷洒药剂效果较好。为提高药效，药液里最好混入0.1%～0.2%的洗衣粉。可用药剂2.5%敌杀死或1 500～3 000倍液功夫乳油或20%灭扫利乳油4 000～5 000倍液或20%速灭杀丁乳油3 000～4 000倍液或10%氯氰菊酯乳油1 000～2 000倍液。

二、康氏粉蚧

康氏粉蚧为同翅目，粉蚧科，粉蚧属。分布广泛、食性杂，若虫和雌成虫刺吸芽、叶、果实、枝叶及根部的汁液，嫩枝和根部受害常肿胀且易纵裂而枯死。幼果受害多呈畸形果。排泄蜜露常引起霉病发生，影响光合作用。

（一）康氏粉蚧的形态特征

成虫体长约5mm，宽3mm，椭圆形，浅粉红色，被较厚的白色蜡粉，体缘长有17对白色蜡刺，蜡刺基部粗末端细，体前端蜡刺较短，向后渐长，最后一对最长；眼半球形，触角8节，足较发达疏生刚毛；雄成虫体长约1.1mm，翅展2mm左右，紫褐色，触角和胸背中央色淡，单眼紫褐色，前翅发达透明，后翅退化为平衡棒，尾毛较长。卵为椭圆形，浅橙黄色，附有白色蜡粉，产于白色絮状卵囊内。1龄若虫椭圆形，浅黄色，眼近半球形紫褐色，体表两侧布满纤毛，2龄若虫着白色蜡刺，3龄若虫与成虫相似。

（二）生活史

康氏粉蚧一般每年发生3代，以卵囊在树干及枝条的缝隙等处越冬。第1代若虫孵化盛期为4月中下旬，第2代为6月中下旬，第3代为采果后9月。若虫发育期，雌虫为35～50d，雄虫为25～37d。雄若虫化蛹于白色长形的茧中。每头雌成虫可产卵200～400粒，卵囊多分布于树皮裂缝等处。康氏粉蚧第1代为害枝干，第2～3代以为害果实为主。康氏粉蚧喜在阴暗处活动，果袋内是其最佳的繁殖为害场所，套袋果园、树冠郁闭、光照差的果园，防控不力的时候容易发生康氏粉蚧为害。

（三）防控技术

果实采收后，及时进行清园，将残枝、枯草、病叶等及时清出葡萄园；当虫体主要以卵的形式越冬时，剥除树体树干、枝蔓老皮,用硬刷刷除缝隙中的虫、卵,以减少虫口基数。

化学防治:萌芽前,用5波美度石硫合剂,全园消毒杀菌,消灭越冬卵和若虫。花序分离到开花前、葡萄套袋前是药剂防治的2个关键时期,可选用22%特福力(美国陶氏益农)4 000倍液、4.5%高效氯氰菊酯乳油1 000倍液、10%吡虫啉乳油1 500倍液等进行防治。

生物防治:保护和引放天敌,如瓢虫、草蛉。

三、葡萄粉蚧

葡萄粉蚧又叫海粉蚧,属同翅目,蚧总科,粉蚧科。主要为害葡萄,也为害枣树、槐树、桑树等(图3-11)。

图3-11　葡萄粉蚧

(一)形态特征

葡萄粉蚧的雌成虫无翅,体软、椭圆形,体长4.5～4.8mm,宽2.5～2.8mm,暗红色,身被白色蜡粉,触角8节。雄成虫体长1～1.2mm,暗红色,翅白色透明,触角10节。各足胫节末端有2个刺，腹末有1对较长的针状刚毛。卵长0.32mm，宽0.17mm，椭圆形，淡黄色。刚孵化的若虫为淡黄色，体长0.5mm，触角6节，上面有很多刚毛。体缘有17对乳头状突起，腹末有1对较长的针状刚毛。蜕皮后，虫体逐渐增大，体上分泌出白色蜡粉，并逐渐加厚。体缘的乳头状突起逐渐形成白色蜡毛。

（二）生活史

葡萄粉蚧一年发生3代，以若虫在老蔓翘皮下裂缝处和根基部的土壤中群体越冬，也有少数棉球状卵囊中的卵在葡萄近地面的根部越冬。翌年4月上中旬开始孵化第1代若虫，经40~50d蜕皮为成虫，5月底至6月初开始产卵，卵期约10d，6月上中旬孵化第2代若虫。8月初第3代若虫发生，若虫孵化盛期为9月下旬，10月上中旬迁移根基处及枝蔓翘皮下越冬。

（三）防治技术

在冬季时剥去树干上的老翘皮，树干涂白，消灭越冬卵块。在4—6月若虫孵化期喷化学药剂进行防控，主要的药剂有吡虫啉、啶虫脒、吡蚜酮、阿维菌素等。由于粉蚧体表有一层蜡粉，在药液中加展着剂效果更好。

第十三节　葡萄透翅蛾

一、形态特征

葡萄透翅蛾属鳞翅目，透翅蛾科，主要为害葡萄。成虫体长18~20mm，体蓝黑色至黑褐色，触角黑紫色，头顶、颈部、后胸两侧为黄色，前翅红褐色，前缘、外缘及翅脉黑色，后翅半透明。腹部有3条黄色横带，雄蛾腹部末端两侧各有一束长毛。卵长1.1mm，椭圆形，略扁平，紫褐色。幼虫体长25~38mm，全体略呈圆筒形，头部红褐色，胸腹部淡黄白色，老熟时带紫红色，通体有稀疏的细毛，前胸盾具倒"八"字纹，胸足浅褐色，围气门片褐色。蛹体长18mm，红褐色。

二、生活习性

葡萄透翅蛾一年只发生一代，以幼虫在枝蔓里越冬。翌年4月下旬幼虫开始活动，在越冬处的枝条里咬一个圆形羽化孔，后吐丝作茧化蛹。蛹期10d左右，4月中旬至5月羽化，一般成虫羽化盛期和葡萄盛花期相一致，成虫羽化后即开始交配、产卵，成虫飞翔能力强，卵多产在0.5cm以上的新梢上，多在叶片、叶腋、果穗、卷须、嫩芽等处，一头雌虫一生平均产卵79~91粒，卵期10d，初孵幼虫多从叶柄基部蛀入嫩梢，蛀孔处呈紫红色。蛀入枝蔓后，在枝蔓先端蛀食，致使蔓梢枯死，此后转向枝蔓基部方向蛀食，受害部位呈膨肿状，或形成瘤状突起，幼虫可进行2~3次转移为害，9—10月以老熟幼虫越冬。

三、为害

透翅蛾在我国分布比较广泛，幼虫为害葡萄嫩枝及1~2年生枝蔓，初龄幼虫蛀入嫩梢，蛀食髓部，使嫩梢枯死，幼虫长大后，转到较为粗大的枝蔓中为害，受害部位肿大成瘤状，蛀孔外有褐色粒状虫粪，枝蔓易折断，其上部叶片变枯黄，果穗枯萎，果粒脱落。为害轻者树势衰弱，产量、品质下降，重者致使大部分枝蔓干枯，甚至全株死亡（图3-12）。

图3-12　葡萄透翅蛾幼虫为害症状

四、防治技术

葡萄透翅蛾成虫具有趋光性，可以在田间挂频振式杀虫灯诱捕；成虫还具有强烈趋化性，可在羽化期用糖、醋、酒混合液诱杀。葡萄透翅蛾的防治最佳时期一般是在成虫羽化产卵期和孵化盛期，这正好是在葡萄谢花后，比较适宜采用化学药剂防控，常用的药剂有2.5%高效氯氟氰菊酯2 000倍液、20%氰戊菊酯2 000倍液或2.5%溴氰菊酯2 000倍液。

第十四节　葡萄短须螨

一、形态特征

葡萄短须螨，为蜱螨目细须螨科短须螨属的一种螨虫，又叫葡萄红蜘蛛。该虫在中国北方分布较普遍，南方葡萄产区也有发生。螨体微小，一般在0.32mm×0.11mm，虫体褐色，眼点红色，腹背中央红色。体背中央呈纵向隆起，体后部末端上下扁平。背面体壁有网状花纹，背面刚毛呈披针状。4对足皆粗短多皱纹，刚毛数量少。

二、生活习性

葡萄短须螨一年发生6代以上。以雌成虫在老皮裂缝内、叶腋及松散的芽鳞茸毛内群集越冬。翌年3月中下旬出蛰，为害刚展叶的嫩芽，半月左右开始产卵。卵散产。全年以若虫和成虫为害嫩芽基部、叶柄、叶片、穗柄、果梗、果实和副梢。10月下旬逐渐转移到叶柄基部和叶腋间，11月下旬进入隐蔽场所越冬。在葡萄不同品种上，发生的密度不同，一般喜欢在茸毛较短的品种上为害，如玫瑰香、佳利酿等品种。而叶茸毛密而长或茸毛少，很光滑的品种上数量很少，如龙眼、红富士等品种。葡萄短须螨的发生与温湿度有密切关系，平均温度在29℃，相对湿度在80%～85%的条件下，最适于其生长发育。因此，7—8月的温湿度最适合其繁殖，发生数量最多。

三、为害

以成螨、若螨为害新梢、叶柄、叶片、果梗、穗梗及果实。新梢基部受害时，表皮产生褐色颗粒状突起。叶柄被害状与新梢相同。叶片被害，叶脉两侧呈褐锈斑，严重时叶片失绿变黄，枯焦脱落。果梗、穗梗被害后由褐色变成黑色，脆而易落。果粒前期被害呈浅褐色锈斑，果面粗糙硬化，有时从果蒂向下纵裂。果粒后期受害时影响果实着色，且果实含糖量明显降低，酸度增高，严重影响葡萄的产量和质量。

四、防治技术

一是铲除田边杂草，清除园内的枯枝落叶，狠抓温室、大棚内的防治，用溴甲烷或虫酰肼熏蒸，杀死幼螨和成螨。葡萄收获后，及时清除果园残枝落叶，集中烧毁，入冬后，刮除老翘皮，集中烧毁，消灭越冬虫源。二是春季葡萄发芽前，喷3～5波美度石硫合剂（加0.3%洗衣粉）进行防治效果很好。生长期可喷0.2～0.3波美度石硫合剂，40%硫黄胶悬剂300～400倍液，40%三氯杀螨醇800～1 000倍液。生长季节发现大面积为害或为害中心，及时使用杀螨剂，如噻螨酮、双甲脒、炔螨特、哒螨灵、四螨嗪、苯丁锡等杀螨剂。

第十五节　葡萄斑叶蝉

一、形态特征

葡萄斑叶蝉又叫葡萄二星叶蝉，为半翅目，叶蝉科。中国葡萄产区均有发生，该虫除为害葡萄，还为害苹果、桃、梨、李、樱桃、桑等多种果树。卵黄白色，长椭圆形，稍弯曲，长0.2mm。若虫初孵化时白色，长0.2mm。成虫体长2～2.5mm，连同前翅3～4mm。淡黄白色，复眼黑色，头顶有2个黑色圆斑，前胸背板前缘有3个圆形小黑点，小盾板两侧各有1个三角形黑斑，翅上或有淡褐色斑纹，足3对，擅跳跃。

二、生活习性

在河北北部一年发生2代，山东、山西、河南、陕西3代。成虫在果园杂草丛、落叶下、土缝、石缝等处越冬。翌年3月葡萄未发芽时，气温高的晴天，成虫即开始活动。先在小麦、毛叶苕等绿色植物上为害。葡萄展叶后即转移到葡萄上为害，喜在叶背面活动，产卵在叶背叶脉两侧表皮下或茸毛中。第1代若虫发生期在5月下旬至6月上旬，第1代成虫在6月上中旬。以后世代交叉，第2～3代若虫期大体在7月上旬至8月初，8月下旬至9月中旬。9月下旬出现第3代越冬成虫。此虫喜荫蔽，受惊扰则蹦飞。凡地势潮湿、杂草丛生、副梢管理不好、通风透光不良的果园，发生多、受害重。葡萄品种之间也有差别，一般叶背面茸毛少的欧洲种受害重，茸毛多的美洲种受害轻。

三、为害

成虫和若虫在叶背面吸汁液，被害叶面呈现小白斑点。虫口密度较高时叶面常有小白点连成一片，严重时叶色灰白，以致焦枯脱落，对果实外观和品质均有很大影响。

四、防治技术

葡萄叶蝉的防治，可采取农业防治、物理防治和化学防治。

（一）农业防治

（1）避免果园郁闭。合理修剪，改善架面通风透光条件及合理负载。生长期及时除萌、抹芽和打副梢，减少下部叶片，使葡萄枝叶分布均匀，通风透光。

（2）树种合理布局。果园内部和周围不种桃、梨、苹果、樱桃、山楂等果树及桑树、杨树、榆树等林木，以减少生长季节和越冬期的中间寄主。

（3）清洁田园。生长期及时清除杂草，创造不利于其发生的生态条件。秋后彻底清除田间地头落叶和杂草，集中烧毁或深埋，消灭其越冬场所，能显著减少虫害基数。

（二）物理防治

由于该虫对黄色有趋性，可设置黄板诱杀。选用20~24cm黄板，用专用粘虫胶涂均匀，按20~30块/亩置于葡萄架上。当葡萄斑叶蝉粘满板面时，需要及时重涂。目前有两种粘虫胶，一种10d

左右需要重涂一次，另一种为30d左右需重涂一次（适合刮风较少的地方和温室等地使用）。

（三）化学防治

防治时期与药剂选择是两个关键因素。

（1）防治时期。防治葡萄斑叶蝉全年要抓住两个关键时期，即发芽后，是越冬代成虫防治关键期；开花前后是第1代若虫防治关键期。另外，幼果期根据虫口密度使用药剂，落叶前1个半月左右注意防控越冬成虫。

（2）药剂选择。可选用噻虫嗪、吡虫啉、多杀菌素、甲氰菊酯、溴氰菊酯、高效氯氰菊酯、辛硫磷等药剂喷雾。要注意喷雾均匀、周到、全面，同时注意喷防葡萄园周围的林带、杂草。

第十六节　斑衣蜡蝉

一、形态特征

斑衣蜡蝉是同翅目蜡蝉科的昆虫，民间俗称"花姑娘""椿蹦""花蹦蹦""灰花蛾"等。属于不完全变态，不同龄期体色变化很大。小龄若虫体黑色，上面具有许多小白点。大龄若虫身体通红，体背有黑色和白色斑纹。成虫后翅基部红色，飞翔时可见。成虫、若虫均会跳跃，成虫飞行能力弱。在多种植物上取食活动，吸食植物汁液，最喜臭椿。斑衣蜡蝉是多种果树及经济林树木上的重要害虫之一，同时也是一种药用昆虫，虫体晒干后可入药，称为"樗鸡"。

二、生活习性

斑衣蜡蝉喜干燥炎热处。一年发生1代。以卵在树干或附近建筑物上越冬。翌年4月中下旬若虫孵化为害，5月上旬为盛孵期；若虫稍有惊动即跳跃而去。经3次蜕皮，6月中下旬至7月上旬羽化为成虫，活动为害至10月。8月中旬开始交尾产卵，卵多产在树干的南方，或树枝分叉处。一般每块卵有40～50粒，多时可达百余粒，卵块排列整齐，覆盖白蜡粉。成、若虫均具有群栖性，飞翔力较弱，但善于跳跃。

三、为害

以若虫、成虫群集在叶背、嫩梢上刺吸为害，栖息时头翘起，有时可见数十头群集在新梢上，排列成一条直线；引起枝梢上发生煤污病或嫩梢萎缩、畸形等，严重影响葡萄的生长和发育。斑衣蜡蝉自身有毒，会喷出酸性液体，若不小心接触到会出现红肿，起小疙瘩。

四、防治技术

（一）物理防治

（1）建园时，不与臭椿和苦楝等寄主植物邻作，降低虫源密度以减轻为害。葡萄园周边有臭椿和苦楝的时候，可以砍伐的尽量砍伐。

（2）结合疏花疏果和采果后至萌芽前的修剪，剪除枯枝、丛枝、密枝、不定芽和虫枝，集中烧毁，增加树冠通风透光，降低果园湿度，减少虫源。结合冬剪刮除卵块，集中烧毁或深埋。

（二）化学防治

在低龄若虫和成虫为害期，交替选用30%氰戊·马拉松（7.5%氰戊菊酯加22.5%马拉硫磷）乳油2 000倍液或2.5%氯氟氰菊酯乳油2 000倍液或10%氯氰菊酯乳油2 000～2 500倍液或3%苯氧威1 000倍液。

第十七节 葡萄天蛾

一、形态特征

葡萄天蛾天蛾科葡萄天蛾属。

成虫：体长45mm左右、翅展90mm左右，体肥大呈纺锤形，体翅茶褐色，背面色暗，腹面色淡，近土黄色。体背中央自前胸到腹端有1条灰白色纵线，复眼后至前翅基部有1条灰白色较宽的纵线。复眼球形较大，暗褐色。触角短栉齿状，背侧灰白色。前翅各横线均为暗茶褐色，中横线较宽，内横线次之，外横线较细呈波纹状，前缘近顶角处有1暗色三角形斑，斑下接亚外缘线，亚外缘线呈波状，较外横线宽。后翅周缘棕褐色，中间大部分为黑褐色，缘毛色稍红。翅中部和外部各有1条暗茶褐色横线，翅展时前、后翅两线相接，外侧略呈波纹状。

卵：球形、直径1.5mm左右，表面光滑。淡绿色，孵化前淡黄绿色。

幼虫：老熟时体长80mm左右，绿色，背面色较淡。体表布有横条纹和黄色颗粒状小点。头部有两对近于平行的黄白色纵线，分别于蜕裂线两侧和触角之上，均达头顶。胸足红褐色，基部外侧黑色，端部外侧白色，基部上方各有1黄色斑点。前、中胸较细小，后胸和第1腹节较粗大。第8腹节背面中央具1锥状尾角。胴部背面两侧（亚背线处）有1条纵线，第2腹节以前黄白色，其后白色，止于尾角两侧，前端与头部颊区纵线相接。中胸至第7腹节两侧各有1条由前下方斜向后上方伸的黄白色线，与体背两侧的纵线相接。第1～7腹节背面前缘中央各有1深绿色小点，两侧各有1黄白色斜短线，于各腹节前半部，呈"八"字形。气门9对，生于前胸和1～8腹节，气门片红褐色。臀板边缘淡黄色。化蛹前有的个体呈淡茶色。

蛹：体长49～55mm，长纺锤形。初为绿色，逐渐背面呈棕褐色，腹面暗绿色。足和翅脉上出现黑点，断续成线。头顶有1卵圆形黑斑。气门处为1黑褐色斑点。翅芽与后足等长，伸达第4腹节下缘。触角稍短于前足端部。第8腹节背面中央有1圆痕（尾角遗痕）。臀棘黑褐色较尖。气门椭圆形黑色，可见7对，位于2～8腹节两侧。

翅长45～50mm。体翅茶褐色；触角背面黄色，腹面棕色；身体背面自前胸到腹部末端有灰白色纵线1条，腹面色淡呈红褐色；前翅顶角较突出，各横线都为暗茶褐色，以中线较粗而弯曲，外线较细波纹状，近外缘有不明显的棕褐色带，顶角有较宽的三角形斑1个；后翅黑褐色，外缘及后角附近各有茶褐色横带1条，缘毛色稍红；前翅及后翅反面红褐色，各横线黄褐色，前翅基半部黑灰色，外缘红褐色。

雄性外生殖器上的钩形突呈长指形；背兜筒形；颚形突指形，向上方伸出；阳茎基环圆，两侧骨片厚，囊形突很小；抱器平掌状，端部钝圆，布满密集的毛，在中部上方具刺形抱器鳞，3～4排；抱器腹突臂状，末端膨大，向上方略弯曲，上面有钝、锐交杂的小齿；阳茎端柱形，顶端有分叉的倒挂齿。

二、生活习性

一年发生1～2代，以蛹在土中越冬，翌年5月中旬羽化；6月上中旬进入羽化盛期。夜间活动，有趋光性。多在傍晚交配，交配后24～36h产卵，多散产于嫩梢或叶背，每雌产卵155～180粒，卵期6～8d。幼虫白天静止，夜晚取食叶片，受触动时从口器中分泌出绿水，幼虫期30～45d。7月中旬开始在葡萄架下入土化蛹，夏蛹具薄网状膜，常与落叶黏附在一起，蛹期15～18d。7月底8月初可见第1代成虫，8月上旬可见2代幼虫为害，多与第1代幼虫混在一起，为害较严重时，常把叶片食光；进入9月下旬至10月上旬，幼虫入土化蛹越冬。

三、为害

葡萄天蛾的低龄幼虫取食葡萄叶片，多将叶片咬成孔洞或缺刻。高龄后的大幼虫食量大增，可将叶片吃光仅残留部分叶脉和叶柄，严重时常常食成光枝，削弱树势。树下常有大粒虫粪落下，较易发现。

四、防治技术

（一）物理防治

冬季，葡萄天蛾以蛹在土壤里越冬，可在葡萄树周围锄草、翻地，杀死越冬虫蛹；利用天蛾成虫的趋光性，在成虫发生期用紫外杀虫灯诱捕成虫。

（二）化学防治

3～4龄前的幼虫，可喷施20%除虫脲悬浮剂3 000～3 500倍液，或25%灭幼脲悬浮剂2 000～2 500倍液，或20%米满悬浮剂1 500～2 000倍液等生物农药。虫口密度大时，可喷施50%辛硫磷2 500倍液，或2.5%功夫菊酯乳油2 500～3 000倍液，或2.5%溴氰菊酯2 000～3 000倍液等药物，均有较好的防治效果。

（三）生物防治

保护螳螂、胡蜂、茧蜂、益鸟等天敌。

第十八节　金龟子

一、形态特征

金龟子是鞘翅目金龟总科的通称。

卵：长椭圆形，长约2.5mm，宽约1.6mm，初产乳白色。

幼虫：学名蛴螬，老熟幼虫体态肥胖，长约20mm，宽约6mm，体白色，头红褐色，静止时体形大多弯曲呈"C"形，体背多横纹，尾部有刺毛。

蛹：长约22mm，宽约10mm，淡黄色或杏黄色。羽化初期为红棕色，后逐渐变深成红褐色或黑色，全身披淡蓝灰色闪光薄层粉，前胸背板侧缘中间呈锐角状外突，前缘密生黄褐色体毛。腹部圆筒形，腹面微有光泽。

成虫：长椭圆形，背翅坚硬，体长约20mm，宽约10mm。羽化初期为红棕色，后逐渐变深呈红褐色或黑色，全身披淡蓝灰色闪光薄层粉，前胸背板侧缘中间呈锐角状外突，前缘密生黄褐色体毛。腹部圆筒形，腹面微有光泽。

二、生活习性

以成虫和幼虫形式在地下越冬，5月越冬成虫出现，交尾产卵，6月幼虫孵化，一直到10月越冬，翌年越冬的幼虫，于5月末活动，到距地表10～20cm处取食植物根部，到6月末化蛹，7月中旬成虫出现。一个世代需71d左右。成虫于每日黄昏开始活动，20—21时活动最盛，拂晓前全部钻入土中。成虫有趋光性，但雌性很少扑灯。该虫于荒坡、杂草地发生较多，尤以施未腐熟厩肥的田块，虫量较多。

三、为害

其幼虫学名蛴螬，是主要地下害虫之一，为害严重，常将植物的幼苗咬断，导致枯黄死亡，幼虫咬断幼苗或幼树根部，导致苗木枯黄而死亡。成虫啃食叶片嫩枝、成熟期的果实（图3-13）。

图3-13　葡萄金龟子成虫为害症状

四、防治技术

（一）生物防治

利用白僵菌，消灭幼虫；保护步行虫、青蛙、蟾蜍和鸟类，控制虫口密度上升。

（二）人工治理

利用其趋光性用杀虫灯诱杀。该虫有假死性，可震落杀死。幼虫期灌水，使幼虫窒息而死。

（三）药物防治

用3%高效氯氰菊酯或2%噻虫啉500～600倍液叶面喷雾。

第十九节　蜗　牛

一、形态特征

蜗牛为无脊椎动物，软体动物门，腹足纲，肺螺亚纲，蜗牛科。壳一般呈低圆锥形，右旋或左旋。头部显著，具有触角2对，大的1对顶端有眼。头的腹面有口，口内具有齿舌，可用以刮取食物。

蜗牛是牙齿最多的动物，但它们的牙齿并不是"立体牙"。尽管拥有数万颗牙齿，但它们无法咀嚼食物。这是因为它们用齿舌（一个带状结构），上面布满牙齿（碾碎食物，以便消化）。一生之中，它们的微小牙齿会慢慢磨损钝化，而后被更锋利的新牙取代。蜗牛排泄是在靠近呼吸孔的地方排泄的，叫气孔。它会把粪便排在自己的身上，通过腹足和黏液最终将粪便留在地上。

二、生活习性

蜗牛喜欢在阴暗潮湿、疏松多腐殖质的环境中生活，昼伏夜出，最怕阳光直射，对环境反应敏感，喜潮湿怕水淹，但水淹可使蜗牛窒息。自食生存性。小蜗牛一孵出，就会爬动和取食，不要母体照顾。当受到敌害侵扰时，它的头和足便缩回壳内，并分泌出黏液将壳口封住；当外壳损害致残时，它能分泌出某些物质修复肉体和外壳。具有很强的忍耐性。

三、为害

蜗牛小的时候主要以腐殖质和植物新鲜的嫩叶为食。等它们长大之后就开始吃葡萄嫩枝、嫩叶和果实（图3-14）。

图3-14　蜗牛为害葡萄叶片和花系

四、防治技术

蜗牛发生期进行药剂防治，可选用2%灭旱螺毒饵剂0.4～0.5kg/亩，或6%密达（四聚乙醛）杀螺颗粒剂0.5～0.6kg/亩，或8%灭蜗灵颗粒剂、10%多聚乙醛颗粒剂0.8～1kg/亩，均匀撒施或间隙性条施。

第二十节　葡萄虎天牛

一、形态特征

葡萄虎天牛成虫体长15～28mm，体黑色。前胸红褐色，略呈球形；翅鞘黑色，两翅鞘合并时，基部有"X"形黄色斑纹。近翅末端又有一条黄色横纹。幼虫末龄体长13～17mm，淡黄白色，前胸背板淡褐色，头甚小，无足。

二、生活习性

一年发生1代，以低龄幼虫在葡萄蔓内越冬，翌年4月下旬开始活动，随虫龄增大，有时候可将枝条横向蛀断，7月间幼虫老熟化蛹，蛹期10～15d，8月羽化出现成虫，并产卵于芽鳞内芽腋、叶腋缝隙处，卵经5～6d孵化为幼虫，幼虫由芽部蛀入为害，在表皮下纵行蛀食，受害枝蔓的表皮稍微隆起变黑，虫粪在隧道内不排出来，不容易被发现。

三、为害

葡萄虎天牛为害在我国主要葡萄产区都有分布，主要以幼虫为害枝蔓，小幼虫先在表皮下纵行蛀食，受害枝蔓的表皮稍微隆起变黑，虫粪在隧道内不排出来，不容易被发现，春季萌芽后大龄幼虫逐渐蛀入木质部，横向绕枝干啃食，常常将枝条切断，造成枝条枯死（图3-15）。

图3-15　葡萄虎天牛幼虫为害症状

四、防治技术

冬季修剪时发现枝节部变黑，多为受害枝条，剖开表皮能发现虫粪、幼虫，这样的枝条要剪除烧毁，另外在8月成虫羽化期，利用其补充营养的习性，可用50%辛硫磷1 000倍液喷雾，果实采收后及时喷杀虫剂，对刚蛀入幼虫进行扑杀。

第二十一节　葡萄根瘤蚜

葡萄根瘤蚜属同翅目，根瘤蚜科，专性寄生，只为害葡萄属葡萄，原产于北美洲落基山脉东部。

一、形态特征

葡萄根瘤蚜的虫态可分为完整生活史的虫态、不完整生活史虫态。完整生活史虫态有：越冬卵→干母（幼虫Larvae、无翅成蚜）→干雌（卵、幼虫、无翅成蚜）→叶瘿型（卵、幼虫、无翅成蚜）→无翅成蚜根瘤型（卵、幼虫、无翅成蚜）→有翅蚜（性母）→有性蚜（卵、幼虫、成蚜）→越冬卵。不完整的生活史虫态有：无翅根瘤型葡萄根瘤蚜的卵→幼虫→无翅成蚜→卵（图3-16）。

图3-16　葡萄根瘤蚜各虫态电子显微镜扫描

（按照从左到右从上到下的顺序依次是卵、幼虫、幼虫侧面、有翅型若虫、有翅型成蚜、有翅蚜）

二、生活习性

葡萄根瘤蚜在葡萄的叶片和根上主要进行孤雌生殖，在夏、秋季节出现有性世代。在叶片上为害的称为叶瘿型（Gallicoles），在根上的称为根瘤型（Radicicoles）。卵孵化出的1龄若虫，它在根或叶片上爬行，以寻找合适的取食位点，口针刺伤取食部位，注射唾液，使淀粉、氨基酸化合物等富集，诱导根瘤形成，这一过程需7～14d，根瘤形成后，幼虫迅速蜕皮进入2龄阶段，经过4次蜕皮后进入无翅型成虫阶段，而2～4龄幼虫和成蚜都不移动，在根瘤上固定取食。夏、秋季节，葡萄根系上出现有翅型葡萄根瘤蚜若虫，若虫经过4次蜕皮，爬出地面变为成虫。羽化后的成虫不再取食，迁飞扩散，进行孤雌生殖，产生雄卵和雌卵。孵化后的雌、雄幼虫经过4次蜕皮变为不再取食的无翅成虫；经过交配，雌虫产生有性越冬卵。有性越冬卵在翌年春孵化为干母（Fundatrix）。在美国西南部的部分地区，还发现另一种有性形式，叶片上的成虫直接在叶瘿里产生雄卵或雌卵，而没出现中间形态的有翅型，但是产卵期的雌虫尚能取食。

根瘤型葡萄根瘤蚜可转变为有翅型。在高湿的土壤里，根瘤蚜种群密度过大或根的营养状况下降都能刺激根瘤型葡萄根瘤蚜转变为有翅型，目前，还不清楚触发翅膀长出的生理机制。有翅成虫不擅迁飞、不取食，进行孤雌生殖。而产的卵有大、小两种，分别孵化为雌、雄幼虫。幼虫口器不完全，在发育过程中不能取食。到成虫阶段的时候，无翅的有性蚜进行交配后，雌虫产生越冬卵。在春季，由越冬卵孵化而来的干母能够在叶片或根上形成虫瘿，建立新的聚集地。

三、为害

根瘤型对葡萄树造成的为害主要是引起树势衰弱和根系死亡。

在新根的顶部形成"鸟头状根"，主根和侧根被害后形成较大的瘤状突起（图3-17）。在夏季，高温高湿，由于葡萄根瘤蚜的为害，葡萄根系更容易腐烂，致使其吸收、运输水分和养分功能被削弱。葡萄树的受害症状首先表现为枝条的生长量减小，叶片变黄早落，葡萄根系腐烂，最终导致整株枯死；同时，葡萄的品质和产量受到不同程度的影响。造成根系腐烂的另一重要因素就是继发性病原真菌的为害。在田间，随着时间的延长，真菌与根瘤蚜协同为害，对葡萄造成的为害会更加严重。

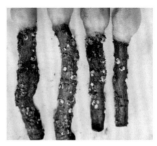

图3-17　葡萄根瘤蚜为害

　　叶瘿型根瘤蚜的为害不仅是吸取光合产物，更主要的是影响了叶片的光合效率。叶瘿型葡萄根瘤蚜侵染新生叶片形成虫瘿，而在成龄叶上不能形成虫瘿。虫瘿在叶背面扩展，并充分地把根瘤蚜包裹起来，虫瘿的开口在叶的正面，以便于幼虫的出入，幼虫把触角伸在出口处，这可能是为了减少其他葡萄根瘤蚜幼虫来竞争营养。放射性蔗糖做体外吸收试验显示，每个叶瘿吸收的光合产物只占健康叶片的2%。叶瘿型根瘤蚜造成的为害主要是引起光合作用下降。受感染根瘤蚜的叶片影响，与其相邻的正常叶的光合作用也会有较小程度的下降，并且叶片感染葡萄根瘤蚜后，其光合产物向外运输的较少。光合作用一旦下降，即使叶瘿里的葡萄根瘤蚜死后，也很难恢复。另外，受叶瘿型葡萄根瘤蚜的为害，形成的枝条数量和品质下降。

四、防治技术

采用抗性砧木嫁接是最有效地控制葡萄根瘤蚜为害的措施，以沙地葡萄（*V. rupestris*）、河岸葡萄（*V. riparia*）、冬葡萄（*V. berlandieri*）为亲本培育的抗葡萄根瘤蚜砧木，常见有5BB、SO4等，以欧美杂种葡萄为砧木进行嫁接栽培已成为防治葡萄根瘤蚜的首选办法，据不完全统计，世界上85%左右的葡萄园采用了抗葡萄根瘤蚜砧木。在疫区必须采用抗性砧木嫁接栽培，非疫区在新建园的时候一定要做好苗木检疫，定植前一定要用杀虫剂（10%烟碱乳油300倍或75%吡虫啉可湿性粉剂500倍液或50%辛硫磷500倍液等）浸泡苗木20min。

自从19世纪末，葡萄根瘤蚜在法国大暴发以来，人们一直在进行化学药剂防治的研究，但效果不理想。试验证实，采用化学药剂防治葡萄根瘤蚜为害，效果不理想，大多数情况下都不再使用，只在用携带葡萄根瘤蚜的茎段嫁接繁殖时使用。即使是目前先进的高渗透、内吸性杀虫剂，在田间受多种因素的影响，也没有达到理想的效果。

2006年在陕西西安的葡萄园发现葡萄根瘤蚜，为害非常严重，葡萄枝条每年的生长量很小。随后连续多年施用含烟叶的有机肥，葡萄根瘤蚜的为害逐渐减轻，效果还比较明显，到2017年的时候，在葡萄园里基本上都找不到葡萄根瘤蚜的为害了，这很可能是烟叶所含的烟碱类杀虫剂逐渐持续释放到土壤中，起到了持续的杀虫效果，降低了葡萄根瘤蚜的虫口密度，减轻了根瘤蚜的为害。

第四章 葡萄园自然灾害防治措施

第一节 涝 害

在我国长江流域及东南沿海，每年6—8月是洪涝灾害频发期。为了减少葡萄园灾后损失，首先要了解涝害的等级情况和严重程度，再根据灾害等级采取对应的措施进行救灾（图4-1）。

图4-1　葡萄园遭受涝害

淹水小于6h：轻度过水。

淹水6～12h：轻度涝害，葡萄毛细根（细白根）开始受损。

淹水12～24h：中度，细白根基本死亡，黄褐色的毛细根开始受损。

淹水24～48h：重度，黄色须根大量死亡。

淹水48h以上：极重。

改善措施：

雨停后，要及时排涝，根据淹水时间对涝害进行定级。

地表干了之后，建议滴灌或冲施高钙镁含量的水溶肥+氨基酸，提高抵抗力，调理土壤，防止大水过后出现裂果等症状，冲施水溶肥之后一定要松土透气，松土2~3cm深即可，有利于根系呼吸与复壮。根据涝害轻重分别采取以下救灾措施。

一是中度、轻度涝害后注意松土和土壤消毒，快速恢复葡萄根系，清除已经裂果和感病软化的果粒。如果果穗泡水，先摘掉果袋，用喷雾器喷清水洗掉果面泥土，先用辛秀安600倍液，连同果穗、叶片、枝条、树干、地面细致喷雾彻底消毒；然后用保倍1 500倍液加抑霉唑1 500倍液加苯醚甲环唑3 000倍液喷果穗保穗。如果果穗没有泡水，单用辛秀安600倍液彻底消毒即可。

二是重度及重度以上涝害以保树为主。重度涝害，剪除部分果穗，每株树留8~10个主梢，其余枝蔓疏除。极重涝害，剪除全部果穗，主梢留6~8个，其余枝蔓疏除，并加强肥培管理。

第二节　干　旱

干旱对葡萄生长期造成的危害较为严重，开花期若遇到干旱，会降低葡萄抽穗率，影响坐果；葡萄膨果期缺水，影响细胞分裂，果实膨大；严重干旱时，葡萄的根系受损影响养分吸收，并合成大量脱落酸，造成黄叶、落叶、落果，甚至死树。在我国南方地区的一般年份春、夏季节雨水多，一般不影响葡萄的正常生长。在7月下旬至秋末冬初常出现高温干旱，影响果实转色和成熟。

最高气温30~32℃：轻度。

最高气温32~35℃：中度。

最高气温35℃以上：重度。

改善措施：

对于干旱最有效、最直接的方式当然是浇水，一旦遇到干旱灾害天气应做好灌溉工作。挂果阶段为了防止因久旱无雨造成葡萄裂果、落果，应每隔10d左右灌溉1次。喷水淋水，生草栽培，降温遮阳，喷施盖世美等叶面肥，补充钙、镁、硼等中微量元素，来增强叶片对于高温的抵抗能力和保持良好的光合效率；设施大棚内开风机降低气温或打开通风口；疏果后及时套袋。

第三节　连续阴雨

主要发生在大棚葡萄，开花期遇持续性阴雨寡照天气，会影响葡萄授粉受精；挂果期和生长旺季遇连阴雨天气，会导致葡萄风味降低、着色不良，病虫害发生概率增加；若在葡萄成熟采摘期遇到连续阴雨天气，会降低葡萄的光合作用强度，影响葡萄的风味。

连续阴雨2~3d：轻度。

连续阴雨3~5d：中度。

连续阴雨5d以上：重度。

改善措施：

提前施杀菌剂；打开通风口透风，同时打开风机；开补光灯，增温增光。

第四节　环境污染

一、大气污染

如二氧化硫（SO_2）、氮素氧化物、臭氧、醛类物质、氟化氢、氯化氢、煤尘、粉尘等，都是有毒污染物质，对葡萄均能发生毒害。葡萄一旦遭受到大气污染毒害，目前尚无解药，为了减少经济损失，选择交通便利、无空气污染的地方建园，远离工矿企业和交通干线。

二、水质污染

水质一旦被污染，将不适合人类饮用，同样也不能用于农业生产。应加大对滥施、滥用、滥排农药、化肥现象的整治，真正生产出消费者放心的果品。

三、土壤污染

在葡萄园中常见的污染包括铜离子污染和重金属污染。当铜离子达200mg/kg时可导致葡萄减产，幼树停止生长，避免长期施用铜制剂是主要解决途径。目前，在我国南方，土壤和水系都存在不同程度的重金属污染问题，不仅影响土壤状况，污染环境，更会导致水果中含有微量的重金属，人们通过食用水果摄入重金属。重金属过量对人体有一定的毒害作用。铅（Pb）和镉（Cd）毒害作用最大，尤其对肾脏和神经系统。如何控制重金属问题，需要相关部门共同努力，制定出切实、可行的防止污染的方案。

四、农药污染

葡萄园的主要污染是除草剂污染。常使用的除草剂种类有草甘膦、乙草胺、莠去津、扑草净、西玛津、茅草枯、杀草强、伏草隆、百草枯、噁草灵等。除草剂一方面确实给果园带来了方便，高效，经济，但另一方面会给果园带来不同程度的除草剂药害。在不宜使用某种除草剂的果园使用了该除草剂，造成药害。使用时不按照使用说明进行使用，将浓度提高混用，用药时间错误等也可造成果树药害；长时间使用草甘膦会引起果树产量严重下降；除草剂飘移不仅影响了本身的药效还严重影响了毗邻的作物，例如有些果园并未使用任何除草剂，但与果园毗邻的果园或者大田里使用了挥发性比较强（含2,4-D苯酯成分）的除草剂，在外界环境的作用下飘移到了果树上，就会引起果树的药害，带来损失（图4-2）。最有效的防治方法就是在葡萄园尽量不采用除草剂，同时与其他果园或者农田间建立隔离带，或远离农田建园。

图4-2　除草剂为害症状

第五节　鸟、兽、鼠害

在葡萄产区鸟类啄食葡萄，以及因鸟类啄食引起葡萄果实病害蔓延所造成的产量损失巨大；田鼠类在浆果成熟时成群结队由他地迁移至葡萄园，爬上葡萄架咬食果实；山区葡萄园遭受野猪侵害严重；此外，兔、鼠等动物还有取食葡萄树皮的嗜好，尤其在冬季取食困难的时候，啃树皮、咬枝蔓现象时有发生（图4-3）。常用的方法是在大棚进出口、通风口、换气孔上设置适当规格的铁丝网或尼龙网，防止鸟类、兽类进入。

图4-3 鸟危害葡萄症状

第五章　影响葡萄贮藏的采前因子及采摘技术

葡萄采收后未及时进行贮藏保鲜，果实腐烂和干梗现象屡屡发生，损失率达20%以上。笔者认为，葡萄贮藏保鲜是一项系统工程，应从采前管理入手，生产出耐贮藏的果品，进而加强贮藏管理，才能达到在一定时间内贮藏保鲜的目的。

第一节　影响葡萄贮藏品质的采前因子

葡萄浆果采收后仍然是具有生命的活体。在贮藏过程中进行着一系列的代谢作用，消耗养分和水分，生命逐渐衰老，削弱对不良环境和致病微生物的抗性。贮藏保鲜的目的在于保持其品质（包括外观、质地、风味、营养价值等），减少损耗（包括失水减重、腐烂、脱粒等），延长贮藏寿命，提高经济效益。为达到上述目的，一方面，要使浆果在贮藏过程中的呼吸作用减弱，化学营养成分向有利于提高品质的方面转化，并尽可能阻止或减少分解损耗；另一方面，控制好浆果在贮藏过程中的外界因素如温度、湿度、气体成分、微生物等，创造适宜贮藏的最佳条件，延缓浆果衰老，保持新鲜品质，防止腐烂，减少贮藏损耗。概括起来，就是要提高浆果的耐贮性和抗病性。

　　葡萄贮藏的好坏与采前的葡萄质量有很大的关系，对葡萄产量、浆果品质和经济效益，甚至翌年葡萄生长和结果，都将产生潜在的影响。为了提高糖度和耐贮性，提高果实品质，采前一个月主要以施磷、钾肥为主。用于贮藏的鲜食葡萄采前10d不要灌水，生长期间不能喷催熟剂、增红剂等加速果实成熟衰老的药物，防止贮藏中出现脱粒现象。为防止病菌进入贮藏库，采前1周内要喷1次杀菌剂，消灭真菌病原。

　　葡萄浆果的耐贮性及抗病性，既与品种有关，又与栽培条件和成熟度有关，同时还受采收、采后处理和贮藏环境条件的制约和影响。葡萄贮藏期病害的发生程度与保鲜质量的好坏，除了和贮藏期管理条件有直接关系外，葡萄的采前因素与采收后的预处理是否得当也有重要影响。早期预防可以减轻或避免贮藏期的许多病害（生理性病害、微生物病害）的发生。为了延长贮藏期，达到贮后保鲜而且优质的目的，必须树立"田间管理是贮藏保鲜的第一车间"的观念，加强采前管理，生产出优质而耐贮藏的葡萄。葡萄贮藏的好坏主要取决于气温、光照、地势、降雨、品种、栽培管理等影响因素。

一、气温

　　葡萄成熟期若气温低、昼夜温差大，则耐贮藏。如山西省的阳光玫瑰葡萄能贮藏5个月，而长江以南的阳光玫瑰葡萄则只能贮藏2个月。气温、光照、湿度对于葡萄贮藏有很大影响，一般在光照不足、湿度较大、昼夜温差小的地域和雨量较多的年份，葡萄耐贮性下降，贮藏期内微生物引起的腐烂增多，生理性病害加重。如采前多阴雨可导致葡萄贮藏期大量裂果、果粒及果梗抗SO_2明显下降。

二、降水量

　　降水量的多少决定葡萄含水量的多少，从而影响葡萄的含糖量，同时也影响病虫害的发生。一般而言，雨多，葡萄易裂果，病菌也多，不耐贮存。我国新疆吐鲁番干旱少雨，葡萄极耐贮存。在我国长江以南地区，葡萄在成熟前1个月降水量大且不均衡，增加了葡萄病害的发生概率，严重影响了浆果的产量、品质与耐贮性。此时宜采用避雨栽培，在每行葡萄之间覆盖薄膜，以减少病害，提高产量和品质。

三、地势

地势影响光照，进而影响葡萄贮藏。阳坡葡萄含糖量高，较耐贮藏。

四、日照时数

由于各地区纬度不同，日照时数也有所不同。日照多，则葡萄耐贮藏，如山东、山西、河北等地所产的葡萄明显比常年阴雨连绵的重庆、湖南所产的葡萄耐贮藏。

五、采前栽培管理

采前栽培管理直接影响到葡萄的品质及耐贮性，没有高质量的葡萄是谈不上贮藏保鲜的。采前栽培管理是指采收以前的一切栽培技术措施，包括肥水管理、病虫害防治、疏花疏果、果穗整形、合理负载量等。

（一）栽培条件

葡萄生长期的光照、温度和肥水条件对葡萄浆果贮藏性能影响很大。低温寡照下，葡萄浆果发育差，果粒不整齐，成熟度不好，不利于贮藏。高温强光照只要不引起生理病害，浆果得到充分发育，如果成熟期间昼夜温差较大，则浆果营养积累多，色香味浓，耐贮性好。过多的施用氮肥，植株营养生长过旺，浆果发育不好，着色差，质地松软，在贮藏中易发生真菌性病害而使浆果过早腐烂；适量多施用钾肥，浆果肉质致密，色艳芳香，耐贮性较好；增施钙肥和硼肥，能保护细胞膜完整性，抑制浆果呼吸作用，防止生理病害发生，提高浆果品质和耐贮性。采收前土壤含水量过大，不仅影响根系发育，而且浆果含水量提高，含糖量降低，着色差，不耐贮。

（二）合理留枝，力求高产优质

北方栽培技术：栽植株距为（1~1.5）m×5m，采用独龙干形整形，每株留一主蔓，架式以小棚架为主，通过抹芽、定枝，每主蔓上每隔20~30cm保留一个结果枝组，成龄树冬季修剪以短梢修剪为宜，生长季节每平方米架面留8~10个新梢，注重主梢摘心、副梢处理、绑蔓、去卷须、花果管理等措施，同样栽培条件下应控制产量。南方栽培技术见第二章。产量控制在1 500~2 000kg/亩为宜。

（三）防止裂果

采取在畦面铺草、覆膜等措施来保持水分均衡供应，可有效减轻裂果。

（四）修剪果穗

剪去果穗最下端糖度低、味酸、柔软和易失水干缩的果粒；疏掉不易成熟、品质差的青粒、小粒，同时疏去伤粒、病粒。修剪果穗，采前剪除小粒、伤粒和病粒，以免影响果穗外观，造成贮藏期病害。在生长期间，一般要求去副穗，掐穗尖，疏粒后每穗留50~60粒，然后套袋。

1. 疏粒

疏掉不易成熟、品质差、糖度低的青粒、小粒，同时把伤粒和病粒疏掉。

2. 摘除老叶，通风透光

果粒开始着色时，摘除果穗附近的老叶及其上方的副梢，使果实光照充足，加大架面通风量，降低架下温度，减少病害发生。摘除老叶不可太早和太多，以免影响叶片光合作用。

（五）合理管理肥水

1. 合理管理肥料

高氮肥的葡萄不耐贮藏，表现为成熟期推后，上色不良，果穗着生节位以上部位的枝条发育不成熟，主穗轴翠绿，果穗下部果粒呈现"水罐""软尖"和"皱缩"，折光仪测浆果可溶性固形物含量低于16%。

在肥料施用中要注意有机肥和无机肥搭配施用，氮磷钾均衡供应。葡萄生长过程中大量施用化肥特别是氮肥，会引起葡萄果梗木质化程度偏低，葡萄不耐贮藏，以追施磷酸二氢钾为佳。应多施磷钾肥和微肥，多施有机肥和控制氮肥施用量及次数，这也是提高葡萄贮藏性的一项措施。

用于贮藏的葡萄，要重视氮、磷、钾的合理搭配，增施钙肥、磷肥和钾肥。施肥方法是萌芽前1周内和采后各施1次农家肥，每亩施肥3 000kg，各浇1次透水。葡萄每年施肥浇水5次，即花前、花后、果实膨大期、采前15d、采后15d。除上述两次为基肥外，其余均为追肥，一般每亩追施化肥约35kg、有机肥约45kg，生长期叶面宜喷施3～5次微肥。在葡萄生长前期，为使其营养丰富、生长旺盛，施肥以氮肥为主，而中后期为满足生殖生长的需要则应以磷、钾肥为主。

肥水管理上做到前促后控，即前期（6月以前）施氮、磷肥，后期（6月以后）增施磷、钾肥，适当控制灌水次数。果实着色期控制氮肥，增施磷、钾、钙肥，以促进枝蔓、芽体充实，提高植株的抗病力，促进果实着色，提高果实含糖量，增加果实耐贮性。一般每隔7～10d喷1次3%过磷酸钙或草木灰浸出液，或用0.3%磷酸二氢钾，连喷2～3次。此法可有效防止果实生长后期出现软粒及蔫尖现象。在此基础上，7—8月，每隔10～15d进行叶面喷肥，如0.3%的磷酸二氢钾高效复合肥、1 000倍液的钾钙宝，促进新梢成熟和果实上色。采前一个月用0.3%磷酸二氢钾或0.4%硫酸钾溶液进行叶面喷雾，一般连喷2次为好，这样可提高果粒糖度和品质，增强耐贮性。秋季多施有机肥，追肥用氮磷钾复合肥，有利于提高果实质量。采前对果实喷钙（喷0.5%硝酸钙液），有利于增加耐贮性。为了提高糖度和耐贮性，提高果实品质，采前一个月主要以施磷、钾肥为主。

2.合理管理水分

采前灌水、涝害、排水不畅、浆果成熟期因有新叶与新芽萌发而影响葡萄的成熟度。采前浇水过多易裂果，降低耐贮性，因此从萌芽期到采收前期要均衡供水，生长后期要控制浇水，而采前15d内绝对禁止浇水。在浇水上注意前期均衡供应，后期适当控制。为了提高品质和耐贮性，采前15d停止浇水，并及时排出雨水。在灌溉条件下生长的葡萄，其耐贮性不如旱地条件下生长的葡萄，但合理灌溉对葡萄贮藏品质是必要的，采前最后一次灌溉（包括下雨）对葡萄耐贮性有重大影响。采前半个月内灌水明显降低贮藏期和增加损耗率。采前要加强架下松土，保持土壤疏松和适当干旱，铲除架下杂草，防止新梢徒长，促进果实成熟。

采前灌水对葡萄贮藏影响很大。葡萄在采收前一个月，特别是采收前严格控水，及时排水，特别是采收前2周内不能灌水，防止贮藏后发生裂果现象。在采收前一个月内严格控制灌水，大雨来临前要特别注意做好排水防涝工作，灌水过多或排水不畅，多施、偏施氮肥的果实，着色差，含糖量低，不耐贮藏。为防止贮藏后发生裂果现象，用于贮藏的鲜食葡萄采前10d不要灌水。若采期有雨，要待雨过后几天推迟采收，才能贮藏。

（六）套袋管理

套袋可以提高葡萄内在和外观品质，提高葡萄食用安全性。套袋在葡萄上应用最重要的原因，是可使其色泽均衡，减少病虫害。因此，在葡萄栽培管理中，套袋是提高品质重要和不可缺少的技术措施。

（七）及时防治病虫害

在葡萄的生长期要积极防治病虫害，因为葡萄园中的一些病害也同时会成为贮藏期病害，如霜霉病、灰霉病等，应尽早消灭贮藏期微生物病害的侵染源，要做好套袋前后的打药管理工作。葡萄抗病性弱，易感灰霉病、黑痘病、霜霉病和炭疽病。因此，要及时定期喷药。对于不套袋葡萄，花前、花后、封穗期、成熟期10~15d是防治葡萄灰霉病的4个关键点。对于套袋葡萄，花前、花后、套袋前、成熟期10~15d是防治葡萄灰霉病的4个关键点。

每次降雨或大雾后，应及时喷布退菌特、多菌灵、乙膦铝、甲霜灵、百菌清、杀毒矾等杀菌剂。除正常的病虫害管理外，采前3~5d在田间喷浓度为1 000mg/kg的杀菌剂，如特克多或扑海因，并加入50mg/kg的赤霉素，或用400倍液α-萘乙酸加600倍液多菌灵，可减少病原菌并防止葡萄粒脱落和腐烂。采前3d用50~100mg/kg萘乙酸加100mg/kg的赤霉素喷洒，也可保持果柄新鲜不掉粒。

1. 病毒病防治

主要用太抗几丁聚糖300~400倍液、壳聚糖750~1 000倍液、谷乐丰超聚能植物生命液1 000倍液等防治病毒病的药剂。

2. 黑痘病防治

主要是苗木用5波美度石硫合剂严格消毒，萌芽展叶后用40%苯醚甲环唑4 000倍液、25%爱可1 500倍液、40%氟硅唑8 000倍液，

25%腈菌唑1 500倍液、25%吡唑醚菌酯2 000倍液等药剂防治。

3.霜霉病防治

主要用60%氟吗锰锌600倍液、10%氰霜唑1 500倍液、烯酰吗啉2 000倍液、25%甲霜灵800倍液、72%霜脲氰800倍液喷布均有效，还可用50%氯溴异氰尿酸1 000倍液、50%氟醚菌酰胺1 000倍液等药剂治疗。

4.炭疽病防治

主要用50%咪鲜胺600倍液、25%溴菌腈1 500倍液、40%苯醚甲环唑4 000倍液、40%氟硅唑8 000倍液、25%腈菌唑1 500倍液、25%吡唑醚菌酯2 000倍液等药剂防治。

套袋前在果实开始着色时，每隔10～15d喷1次800倍液的退菌特、600～800倍液的多菌灵。坐果后至果穗套袋前主要防控黑痘病、灰霉病、霜霉病、白腐病和炭疽病。套袋前可选喷80%代森锰锌500～600倍液，或37%苯醚甲环唑3 000倍液+50%异菌脲1 000倍液+50%烯酰吗啉1 500倍液等杀菌剂。

套袋后至采收前防控褐斑病、炭疽病、白腐病和霜霉病，兼防其他病害。用80%波尔多液400倍液或金雷多米尔600倍液，或25%咪鲜胺1 000倍液等轮换预防。霜霉病发病初期混配72%代森锰锌—霜脲氰600～800倍液，或25%甲霜灵400倍液喷施；白腐病发病初期混配10%苯醚甲环唑1 500倍液喷施。用药1～2次，病情严重时可增加次数。采收前可喷异菌脲防治灰霉病等。采收前20d开始，禁止用药。

（八）采前喷洒生长调节剂

超量、多次或较迟使用乙烯利等催熟剂与膨大剂的葡萄，果粒易落粒，果梗硬化，果蒂变大。为了防止在贮藏过程中落粒和果柄干缩，在采前15～45d可喷2 000～4 000mg/kg的比久，在采前15d喷60～100mg/kg的青鲜素，或在采前3d喷50～100mg/kg的萘乙酸。在成熟前切忌喷施乙烯利等催熟生长调节剂，否则果实品质不佳，贮藏期间易发生脱粒和腐烂现象，而极不耐贮藏。

（九）建议下列葡萄最好不要进行贮藏

葡萄的贮藏效果很大程度上取决于葡萄本身的质量，而本身质量好坏同产地、气候、土壤、降水及栽培管理措施密切相关。以下葡萄不适宜贮藏：葡萄产量>2 000kg/亩或施用氮肥过多的果园生产的葡萄；采前1个月降雨>30mm，长时间阴雨天气，采前遇雨或灌水后采收的葡萄；采前施用乙烯利等催熟药物的葡萄；果实可溶性固形物含量低于16%的葡萄；白腐病、酸腐病、霜霉病、灰霉病等发病较重的果园采收的葡萄；长途运输、颠簸挤压后的葡萄。

第二节　葡萄采收关键技术因子

葡萄果实因色、香、味俱佳，并富含糖、维生素、蛋白质、有机酸和矿物质等营养物质而深受人们的青睐，但我国葡萄在采后贮运保鲜过程中有20%以上的葡萄因腐烂、落粒、失水、褐变等问题导致损耗大，极大地阻碍了葡萄产业的稳步发展。为此，须采用正确的采收与采后的贮藏保鲜方法，以避免在采收、贮运过程中造成损失。

采收是葡萄丰产中一项重要工作，要求及时、细致。用于贮藏的葡萄，必须充分成熟才能采收。

一、最佳采收期

葡萄浆果当其形态、大小、香气、风味等方面的品种固有特性得以充分表现时即为成熟。浆果形态、大小基本定形；有色品种由绿色变成红色、紫红色、玫瑰红色、紫黑色、黑色、蓝色等，而无色品种则由绿色变成浅绿色或绿乳白色、浅黄色、黄色等，见图5-1；种子由白变褐、变硬；浆果内质也发生了很多化学变化，如甜味增加、酸度降低、香气变浓、肉质变软、涩味消除等，标志着葡萄浆果已经达到生理成熟，可准备采收。葡萄成熟的标志是糖分高，酸度低，芳香味浓，色泽鲜艳，有弹性。葡萄属呼吸非跃变型水果，没有明显的后熟过程，所以供贮藏用的葡萄须达到充分成熟时采收。果穗紧密，浆果充分成熟、着色好、组织坚实及果皮、果粉和蜡被都厚的果实。一般在果实含糖16%～19%、含酸0.6%～0.8%时采收。

图5-1　不同颜色葡萄品种成熟期着色

按葡萄的成熟度来划分，可分为食用成熟度和生理成熟度。达到食用成熟度时，葡萄中积累的各种物质经过适当的生化变化后，具有该品种特有的色、香、味和外形，但营养价值未达到最高峰，此时采收的葡萄适合于短途运输和短期贮藏，不宜长期贮藏。进一步成熟，即达到生理成熟度，种子充分成熟变褐，果实充分表现出特有的色、香、味，果粉及蜡质层增厚，糖分大量积累，最适宜于葡萄的长期贮藏。一般来说，用于贮藏的葡萄，采收期越晚，成熟度越高，越耐贮藏。葡萄果实无后熟作用，必须在藤上自然成熟后方可采收。过早采收不能充分表现果实的风味和色泽，影响产量和品质，也不利于贮藏。适度晚采，可使果实充分成熟，提高果实含糖量，耐贮性也大大提高。另外，采收前喷布一次杀菌剂，如50%多菌灵1 000倍液，可减少果实表面病菌数量，从而降低贮藏期间的腐烂率，延长贮藏期。对于要进行贮藏的葡萄，采前最好在果穗上喷布1次符合国家相关标准要求的防腐剂，如45%特克多、25%戴唑霉的1 000～1 500倍药液。

葡萄的耐藏性不仅由浆果的生物学特性决定，而且由占葡萄总量2%～6%的穗轴的生物学特性决定。日本的试验结果证明，经由穗轴损失的水分占葡萄串蒸发水分的49.0%～66.5%。葡萄果实属于呼吸非跃变型，而穗梗则为呼吸跃变型。因此，为了减少水分损失，穗轴可用蜂蜡或其他药剂处理。

根据果实成熟度的标准和用途，可确定采收日期。同一品种在同一地块、在同一植株上，果穗成熟不一致，分批采收，即成熟一批，采一批，以减少损失和提高品质。葡萄不像苹果那样有后熟期，不能提前采，必须等到充分成熟时才能采收，果梗木质化程度越高越好。适期采收，能获得充分成熟的浆果，浆果品质优，耐贮藏。

南方地区葡萄大都用于鲜食，如需远距离运输宜在浆果七八成熟时采收，为了提早供应市场可在保证其充分成熟的前提下适当早采。作为贮藏的葡萄，外观上应具备以下几点：一是葡萄串上没有可见真菌侵蚀病斑，洁净无水痕；二是葡萄粒在穗轴上尽可能具有相同间距，色泽具备葡萄本品种的成熟色泽，穗轴呈绿色饱满状；三是果粒饱满，除外观标志外，较为准确的指标是含糖16%～19%，含酸0.6%～0.8%，糖酸比（20～35）：1。

采收时要求果粒应具有该品种应有的特征、大小，且大小均匀、发育良好、果实完整、新鲜洁净、无异常气味和口感，着色品种着色率应在80%以上。果穗应具有该品种应有的形状，紧密度适中，果穗完整。

具体采收应根据当地葡萄的成熟标准、气候条件，适时采收。避免成熟不良，防止受冻、涝害、冰雹等自然灾害。

二、采收时间

选充分成熟，着色好，组织充盈，无病虫、穗形整齐的果穗，符合采收标准的果实采收。在气候和生产条件允许的情况下，应尽可能地推迟采收时间。遇降雨时，应停雨2d后采收。采收时要轻拿轻放，避免机械损伤。葡萄采收应选择在晴天早晨露水干后，在10时以前或15时后气温凉爽时进行，此时间段内气温不太高，浆果呼吸较缓慢，容易保持果实的品质，以减少田间热，利于贮藏。不宜在雾天、雨天、烈日暴晒时采收。葡萄接近成熟季节，应特别注意天气预报，如未来数日内可能有雨，宁可提前数日采收。提前采比雨后数日再采的葡萄要耐贮藏得多。

葡萄属于呼吸非跃变型水果，采后没有后熟过程，用于贮藏的葡萄应在充分成熟时采收，成熟度越高，可溶性固形物含量越高，就越耐贮藏。在气候和生产条件允许的情况下，尽可能地推迟采收时间。越晚采收的葡萄，含糖量越高，果皮较厚，性韧，着色也好，果粒充分形成，能耐贮藏。

三、采收

（一）采收工具

采果剪、采果筐（箱）等。采收工具和包装物等要严格灭菌，保持清洁卫生，避免二次污染造成损失。

（二）采收方法

采收时应选择果粒紧凑、形状整齐、色泽鲜艳，无病虫害和果粒饱满的果穗。葡萄果穗的穗轴与果蔓连接很牢固，不能直接用手摘下，必须用剪刀剪取。采收时一手托起果穗，一手握采果剪，贴近结果枝的果粒将果穗从穗梗处剪下。穗梗前留3～5cm，以便于提取和放置，穗梗不宜留得过长，防止刺伤其他果穗。保持果穗完整无损，避免人为或机械损伤。采果时避免碰伤果穗、穗轴和擦掉果粉，同时将病果、伤果、小粒、青粒、不成熟、品质差、糖度低等的果粒一并疏除。要求剪刀锋利，采果筐浅而小，要求轻拿轻放，剪口要平、齐。为减少果穗果梗失水，可在果穗采摘后，穗梗蘸上石蜡，减缓果穗梗脱水。采摘时用的容器不宜过大，过深，采摘前在篮子或筐中放布、纸或其他的柔软物品，以防葡萄划伤。采摘后及时将果穗平放在衬有2～3层纸的箱中，再将内衬PVC或PE葡萄专用保鲜袋敞口放入箱中，塑料袋与箱子四周相贴（箱子要浅而小，以装5kg为宜，塑料袋不可破裂或有漏洞），将果穗逐一整齐地放入塑料袋内，单层摆放，不可堆压，避免损伤，葡萄不可超出箱口，以免在运输、码垛中造成烂粒。果穗装满后盖上吸水纸，及时运往贮藏场所进行预冷。

葡萄不耐贮运，因此对采收、装运、分选、包装、销售等环节要迅速，以保持葡萄新鲜度和商品性。采收后及时装箱运入冷库，做到不在产地过夜，以保持果粒新鲜。采摘、挑选、包装、装卸、运输、码垛等各个操作环节中，须严格按照要求轻拿轻放，尽量避免磕碰、挤压、摩擦、震动等造成伤害，严防人为原因造成落粒、破粒。

整个采收工作要遵循"快、准、轻、稳"的原则，"快"就是采收装箱等环节要迅速，尽量保持葡萄的新鲜度，"准"就是下剪位置要准确无误；"轻"就是要轻拿轻放，尽量不碰伤果皮，以避免蚊蝇及微生物污染；"稳"就是采收时把果穗拿稳。

（三）果实采收标准

1. 采收期

正确决定采收时期，葡萄成熟期分为开始成熟期、完全成熟期及过熟期。开始成熟期以果实开始上色为标志，但开始成熟期并不是食用采收期，大多数品种的葡萄应在果穗底部果粒最低糖度16度以上开始采收，但阳光玫瑰的果穗底部果粒最低糖度达18度以上才能采收。

2. 采收工具

葡萄采收工具主要是采收剪和单层塑料采收箱。塑料采收箱不但容易搬运，而且不同等级的葡萄用不同颜色的采收箱，这样利于果品分级和容易排列堆放，互不挤压。

3. 采收时间

葡萄采收应在晴天进行；阴雨天、有露水或烈日暴晒的中午不宜采收，以免影响果实质量。

4. 采摘方法

分期分批采摘，一个葡萄园由于每株树的负载量不同等原因，各株葡萄的果实有好有差，等级比较明显。为此，最好分期采摘，先采一等品，后采二等品，再采三等品，最后清架。这样分批采摘的优点是采一等品后，二等品也有可能进入一等品，消除等外品；缺点是拉长了采摘时间，给果园看管带来麻烦。

采收时要准备好采装箱，每箱可装10～15kg，不宜太多，每箱只能装一层，用塑料筐最好。采时要分清等级，如蓝色箱装一等品，红色箱装二等品，黄色箱装三等品。采装箱消毒，然后运到田间装葡萄，采够一车时，可用小拖拉机拉入包装棚内按等级装箱、上市或出口或入冷库预冷、保鲜处理后进行贮藏。

采收时，穗梗一般留3～4cm，以便于提取和放置。但穗梗不宜留得过长、剪得过尖，防止刺伤别的果穗。

采收时要轻拿、轻放，并对破碎或受伤的果粒及时去除，对于运往外地销售的要及时进行包装。

（四）采后处理

预冷：果品采摘下来以后及时送到预冷车间预冷，迅速将果温降到4℃左右，再做分选。如果采收地与冷库有一定的距离，需要较远距离的运输，则在装箱时增加一层防震布，减缓运输中葡萄串的震动。

运输：用冷藏平板车装运，直接运往水果销售市场。

包装：这是一项细致而艰巨的任务，必须按照工作程序进行。葡萄可采用单穗包装，但须使用食品级的纸、塑料、发泡网等材料。

疏粒：不管多高等级的果穗，每个穗上都可能出现1～2粒甚至更多的小粒、烂粒、压伤粒等。在包装前都要疏去，然后按照装箱要求轻轻放在箱中，而不能挤压。

过秤：箱重为统一标准，除去箱重为葡萄重量。按要求每箱有2.5kg、5kg装不等。但必须注意每箱都要高出50g，不能低于装箱重量。

箱子打包：打包前要检查一下装箱情况，确实符合要求，才可打包。先用胶带纸粘好箱口，然后按要求打包封严。

贴（写）标签：每个葡萄箱都必须标明产地、净重、品种名称（英文名）、生产者、采收期、商标等。甚至还要标明采收、包装组或人（代号）等，可实现质量追溯的全部信息。

清理包装棚（车间）：每天工作完毕，都要将剪下的果粒、小穗集中处理。

第六章　葡萄分级包装与贮藏

第一节　分级与包装

一、选果分级

分级是葡萄采后商品化处理的一个重要环节，能否选到优质葡萄入库是关系贮藏成功与失败的关键环节。贮藏用的葡萄应从管理水平高、无病虫害、产量适中、每亩产量为1 500～2 000kg的果园中选果。选择果穗适中、果粒重15g左右，果粒及果穗大小均匀，上色均匀、充分成熟的果穗，采收时要随时剔除病果、虫害果、伤残果。

选果的质量指标是根据完整度、外形、颜色、坚实度和果实在穗轴上的位置及个数而定，大小应按每穗的重量来判断。用于贮藏或远销的葡萄，应选择果皮稍厚，穗柄粗壮，枝梗青绿，果粒大、饱满，色泽鲜艳的头茬果穗。果穗要洁净无可见的异物残留，果面无其他附着物。果穗整齐，成熟良好。无非正常的外来水分，具本品种的正常色泽。果粒要发育充分，成熟充分，果型端正，具有本品种固有的特征，果梗完整。剔除病虫果粒、小粒、青粒、病粒、僵粒、破粒和虫害粒等，然后按质量等级分级。

严格按照不同品种的分级标准进行分级，着色深的和着色浅的分开，大小粒不均匀的按小粒定级，着色不良的按等级处理，严禁混级和以次充好。根据葡萄的品种、色泽、成熟时间等项目先分出几大类，之后对同一品种依其果穗形状、重量、着色程度、果粒紧密度、果实风味等分出一、二、三级，要求同一级别的每一果穗的果粒数基本相等，果穗形状和重量相同，着色均匀，内含物差别小，按级定价。

（一）一级品

果穗较大且完整无损，果粒大小一致，疏密均匀，呈现品种固有的纯正色泽，着色均匀。

（二）二级品

果穗和果粒大小基本趋于均匀，着色比一级果稍差，但无破损果粒。

（三）等外果

余下的果穗为不合格果，可降价销售。

无论是哪一级别的果实都应达到无虫、无病、无污染、果面洁净的要求。农药与重金属残留也应达到国家的相关标准。

二、包装

果箱可用纸箱或塑料箱，内衬有0.03mmPVC保湿、保鲜袋、缓冲袋、吸水纸、果穗分层摆放，最多可放两层，果穗在箱内要果梗朝里，要装实。

规范化的包装可以保证果品安全运输和贮藏，减少果实间的摩擦、碰撞造成的机械伤，使果品在流通中保持良好的稳定性，从而提高其经济效益。葡萄的商品价值高，一定要重视商品包装，通过包装，增加商品外观，提高市场销售。

葡萄包装容器种类、规格、样式较多，在选择时应根据品种特性、市场需求及用途而定，但包装容器应该具备以下几个特点：一是具有良好的保护性能，在装卸、运输和堆放过程中具有足够的机械强度；二是具有一定的通透性，利于果实散热和气体交换，具有较好的防潮性能，防止吸水变形引起腐烂，要清洁、无污染、无有害化学物质、美观、重量轻、成本低、便于取材。目前国内外市场上应用的葡萄包装容器主要有纸箱、木箱、硬质泡沫箱或用硬质泡沫塑料制成的果箱或果篮，内装有防腐剂，耐压，具有一定的通透性，具有较好的防潮性能，防止吸水变形引起腐烂，以纸箱应用最为广泛。

（一）外包装

立即销售的一般用纸箱，用于贮藏的容器多为木条箱、瓦楞纸箱、塑料周转箱等，这些容器保温和减震性能较好。贮藏的保鲜包装箱应以数量5kg以下、单层垛码为宜，包装箱需要有一定数量的通风孔，以利于贮运过程中冷空气循环流通，防止箱内温度高于环境温度而造成葡萄腐烂。箱体高度应在12～15cm，以能够单层摆放为宜。采用纸箱时，容量应在4～5kg，箱体应牢固耐压，箱两侧应留有直径2cm的通气孔4～6个。采用木条箱或塑料周转箱时，容量不超过10kg，也应单层摆放。

（二）内包装

内包装应选用符合食品卫生标准的专用高压低密度聚乙烯（PE）或聚氟乙烯（PVC）调气透湿袋，厚度0.03～0.05mm。这种包装具有结露轻甚至不结露，葡萄品质变化小，果梗保绿性能较好等优点。但PVC开袋较困难，因此应提前一个月左右购买，在葡萄装袋前对袋进行试漏试验。另外，梯形聚乙烯袋等内包装也可起到美观和提高商品销售的作用，还可以达到防止腐烂果实之间的传染，有利于减少病害损失。这种单穗包装袋必须有充足的孔隙，否则每个袋内需要单独放置保鲜剂。袋的宽度长度应与外包装尺寸相匹配，便于扎口。袋内底部应铺衬纸，便于吸湿。装箱时，果穗不易放置过多、过厚，一般1～2层为宜，袋内上下各铺一层包装纸以吸潮，销售包装上标明名称、产地、数量、生产日期、生产单位等内容。

长期贮藏的包装切忌使用聚苯乙烯泡沫箱。聚苯乙烯泡沫是一种隔热保温材料，不利于箱内外的冷热交换，它一般用于预冷后葡萄的短贮和冷藏后的远途运输和销售。

三、包装方法

目前贮藏应用上多为双层包装，外包装有纸箱、木箱和塑料箱，包装箱以5kg以下的小包装为最佳，果穗放入果箱中不宜放置过多过厚，一般放1～2层为宜，包装箱强度要大，防止对果实造成挤压，两侧打孔，利于通风和降温，包装箱上应标明产品名称、数量、产地、包装日期、保存期、生产单位、贮运注意事项等内容，字迹应清晰、工整。内包装为塑料薄膜，一方面可降低水分损耗，阻止病菌感染；另一方面可产生一个高CO_2、低O_2的气体环境，从而有效减少葡萄失水，保持鲜度，延长贮藏期。

先将内衬PVC或PE葡萄专用保鲜袋（箱）放入箱内，在箱底放上衬纸，把葡萄果穗整齐地摆放入袋内，做到紧密而不积压，以放4～5kg为度，放1～2层为宜，装够重量以后，上面放吸水纸，放入保鲜剂，将塑料袋盖好并封箱。如为外销用的包装要求较为严格，要先在箱底放上两张衬纸，再放一层细木刨花条，木条粗约1cm，木料不能具有挥发性气味。装好葡萄后在上面放两层木刨花条，再铺两层衬纸，最后加盖封严。

在包装过程中应注意以下几个问题：一是要确保果实食品卫生，保证浆果新鲜、洁净、无机械伤、无病虫害、无糜烂、无污染、未压碎、未失水，并按照有关标准或客户要求分级包装，包装应在阴凉的环境条件下进行，避免风吹日晒和雨淋。果品在容器内应当排列紧密，整齐摆放，包装与装卸时应轻拿轻放以免造成机械损伤。为避免在运输中碰伤或挤伤果粒，可在果穗间垫纸或泡沫塑料等，另外，装箱要适量，以与箱口持平为度。箱角放 1 ~ 2 片防腐保鲜药片。葡萄采收后，要尽快进行预冷，以12h为宜，越快越好。装箱时要注意将穗大、粒大整齐、着色好的装入一等箱，将穗小、果粒大小不整齐的装入二等箱。

果穗包装可由工作人员在田间边采摘、整形、分级，边包装，装箱。也可在棚内或阴凉处进行质检、分选、整形、称重、包装，之后运输或贮藏。

鲜食销售的货架包装是葡萄上架前进行的小的精细包装，即有单穗包装，或单穗纸袋单层盒装、单穗薄膜单层盒装。常用的为硬塑料托盘上盖透明有机塑料薄膜的复合包装。包装托盘上需注明品种、产地、重量、保质期和注册商标等。为延长葡萄的货架期，可在货架包装前采用二氧化硫缓释剂进行防腐处理，但需要严格按照国家有关卫生标准，按照缓释剂的规定使用，不得超标。

四、运输与包装类别

国内市场根据运输远近、市场档次的不同，大致可分成如下包装类型。

（一）远距离运输的高级商场

一般采取透气、无毒、有保鲜剂的塑料薄膜或蜡纸先将单穗包装，再放入硬纸盒中，每盒按1 000g、2 000g、2 500g分装，之后装入具有气孔的10kg或20kg扁木板箱中，规格分别为（长×宽×高）50cm×30cm×15cm和50cm×40cm×25cm或采用容量5kg的方形硬纸板箱（25cm×25cm×25cm）、6kg的扁硬纸板箱（46cm×31cm×12cm），内衬透气、无毒、有保鲜剂的塑料薄膜。

（二）运输距离较远的批发市场

一般采用内衬透气、无毒、有保鲜剂的塑料薄膜的竹箱、木箱或塑料周转箱，每箱装葡萄20kg。

（三）运输距离较近的批发市场

一般选用硬纸板或竹箱、木条箱，内衬包装纸或干稻草，容量20～30kg。

第二节　预冷与贮前处理

一、预冷

预冷可把果实所带的"田间热"迅速释放出来，有效而迅速地降低果穗和果实的呼吸强度，可以防止果梗果轴变褐干枯，阻止果粒失水萎蔫和落粒，从而达到保持葡萄品质的目的，大大延缓贮藏中病菌的为害与繁殖，也可抑制灰霉病、褐腐病、青霉病等病害的扩展。葡萄从田间采收后，本身带有大量田间热，这有利于水分蒸发、微生物生长、腐烂和营养物质的消耗。采后裸露在空气中，葡萄果梗快速失水，贮藏期间易掉粒和长霉。

不能进行随采随销售的葡萄，采后必须快速进行预冷，以减少霉烂损失。预冷的主要目的是散去田间热，使果温在短时间内尽快达到要求温度，避免温差产生结露水，引起腐烂，同时还可降低葡萄呼吸强度，减少营养物质消耗。这是葡萄贮藏中必不可少的技术环节。有些果农不注意及时预冷，葡萄采收后马上装箱、放药入库贮藏，结果造成严重腐烂。还有一点是由于温度高，保鲜药剂挥发过快，造成袋内药量超标，引起药害。采收后的果实经分级包装入箱后，应尽快放入已预先彻底消毒的冷库中，使果实温度快速降至

0℃左右，但果实温度不能过低（-1℃以下），否则会造成果梗受冻、变色而干枯。葡萄从采收到预冷以不超过12h为宜，在装车时要防止摇摆与颠簸，防止挤压。中途和长途运输应实施冷链运输，短途运输可选择常温运输。目前主要是在库温-1～0℃的冷库内进行。预冷速度越快越好，预冷时间20～24h，预冷时间不宜太长，最长不超过24h。如果预冷时间过长，虽果品降温比较理想，却容易造成果梗失水过多，引起干梗。

预冷时果箱入库后，堆码要单排或双排，箱与箱之间要留有5cm左右的空隙。预冷期间，应分批少量进果，防止入库太集中，库温短时降不下来。预冷标准以果品温度下降到0℃为准，待葡萄降到0℃时入贮。葡萄贮藏多采用塑料筐+保鲜袋的包装方法，预冷时需敞开袋口预冷，使葡萄的品温迅速下降。另外，根据田间水分和果品湿度调整敞口预冷时间，注意避免预冷时间不足或冷库温度下降速度缓慢造成葡萄品温较高而扎袋贮藏的现象。

一般葡萄采后经过修穗，剔除病烂果后，-1～0℃条件下，预冷12～20h即可将保鲜剂按使用要求放入袋内，如用双层纸包好后放在葡萄上，效果更佳。然后扎紧袋口，在（-0.5±0.5）℃条件下贮藏。预冷速度越快越彻底，袋内结露越小，贮藏效果越好。预冷时间过短，果实田间热没有充分散发，封箱堆码后，果实温度过高，促进保鲜剂挥发过快，引起药害（漂白）。在库内预冷的同时，应注意挑选检查，除去果穗上的不良果粒，如腐烂的、破损的、太小的或未成熟的。对于质量差的果穗应挑选出单独存放。若采用熏硫，则纸箱应能透风。若采用保鲜片，则应在箱外套塑料袋或在箱内衬纸。采后将果实存放在阴凉处，运往外地销售的要及时预冷包装。葡萄采摘以后最好在24h内处理完毕。最好不要再倒箱，采后不要异地整理，异地加工整理比就地加工整理果实损耗将增加5倍以上。

二、贮前处理

葡萄在贮藏期间易发生果柄变干、脱粒和生霉问题，葡萄贮藏要做好低温、高湿和防腐工作。采收后影响贮藏质量的因素主要有温度、湿度和气体成分等。贮藏温度不合适，要加强通风降温或保湿防冻；贮藏库内如若干燥，应经常洒水增加湿度；注意适当通风外，还应经常熏硫灭菌，确保最佳效果。

（一）温度稳定

温度是贮藏要求的最基本条件，低温可以降低果实的呼吸强度和抑制微生物的活动。因此，适宜的低温是做好贮藏的关键。葡萄的冰点一般在-3℃左右，葡萄在近冰点温度条件下贮藏，浆果的呼吸和水分蒸发急剧减弱，霉菌和酶的活力受到抑制。葡萄贮藏的最佳温度是-1～0℃，这是由它的冰点所决定的，轻微冻结之后，葡萄仍能恢复新鲜状态。温度也不能太低，否则造成冻害。贮藏温度研究证明，葡萄贮藏的最佳温度是-1～0℃，在这种温度条件下，不仅可减少营养和水分损失，而且还可抑制病菌滋生蔓延。如遇秋季持续高温，应推迟采收，避开高温时节。采收后越早降低果温，达到最适贮温，贮藏效果越好。因此葡萄采收后应尽快在较低温度下进行预冷，并尽早入库贮藏。

（二）湿度控制

葡萄在贮藏中对湿度的要求是比较严格的。一般相对湿度保持在90%～95%为好。采取洒水加湿或利用保鲜膜阻止葡萄水分蒸发，保证葡萄果梗绿色、果粒饱满。高湿度能防止果实脱水萎蔫，以长期保持葡萄果实新鲜状态。高湿度能保持浆果和穗轴的新鲜度，减少干柄、掉粒和质量损耗。贮藏中的腐烂问题也与湿度密切相关，过高和过低都不好，应保持在90%～95%。

（三）气体成分调整

主要是氧气（O_2）和二氧化碳（CO_2）对贮藏的影响大。应提高（CO_2）含量，降低氧气含量，抑制葡萄的呼吸作用。在冷藏条件下，可控制O_2 2%～4%、CO_2为3%～5%，贮藏效果较为理想。

（四）防腐处理

葡萄贮藏必须做好防腐处理。否则，将会造成大量腐烂。实践证明，在葡萄的贮藏中，引起果穗及果粒大量腐烂的传染性病害的种类主要有葡萄青霉病、葡萄灰霉病和葡萄褐腐病3种。主要病害如灰霉病等病菌，在0℃左右的低温下仍能缓慢的生长繁殖，因此，一般在贮藏时要进行防腐处理。对耐贮藏的品种，在质量得到保证的情况下，若贮藏期不超过2个月，可不做防腐处理。2个月以上，使用防腐剂处理效果明显。应用于葡萄贮藏中使用的防腐保鲜剂分为两大类，一类是SO_2及其络合物，另一类是仲丁胺及衍生物。常用的防腐剂是二氧化硫和仲丁胺。

1. 二氧化硫定期熏蒸法

普遍采用硫黄燃烧熏蒸法，即将葡萄装箱码成垛，罩上塑料薄膜帐，以每立方米帐内容积用硫黄2～3g的剂量，加少许酒精或木屑点燃后密闭1h，使之完全燃烧生成SO_2气体，然后揭开薄膜帐通风。贮藏前期每10～15d熏蒸1次，贮藏后期每隔1～2个月熏1次，每次熏蒸20～30min完毕后，要打开库门或揭帐换气，这种方法适合库内塑料大帐贮藏。有条件的可从钢瓶中直接放出二氧化硫气体充入库中，在0℃左右的温度下，每千克二氧化硫汽化后约占0.35m³体积。熏蒸时可按库内容积的二氧化硫占0.6%比例熏20～30min。以后熏蒸可把二氧化硫浓度降至0.2%。为了使箱内葡萄均匀吸收二氧化硫，包装箱应具有通风孔。这样处理的一般可在温度0℃、相对湿度90%以上的条件下进行长期贮藏。

2. 焦亚硫酸钠缓释法

目前用于葡萄长期贮藏防腐药剂效果最好的是用亚硫酸盐制作的二氧化硫缓释片。有的葡萄品种对二氧化硫十分敏感，用药不当会产生漂白等症状，如阳光玫瑰。葡萄贮藏用的SO_2缓释剂有粉剂、片剂和微胶囊型3种，可按照说明书使用，效果显著。使用时只需将缓释剂分散开摆放在充分预冷后的葡萄的上部，然后即可扎口。扎口时应尽量将葡萄上部的空气多挤走一些，以便使袋内尽快形成一个较低O_2和较高CO_2的环境，有利于果梗的保鲜和药剂发挥作用。由于该防腐缓释剂能释放SO_2，可起到防腐保鲜的作用。防腐缓释剂一般是由97%的焦亚硫酸钾、1%的淀粉或明胶、1%的硬脂酸钙和1%硬脂酸制备而成的。焦亚硫酸钠的用量相当于葡萄贮藏量的0.2%~0.3%。一定要称量准确，不能过量，否则可能会产生药害。如在贮存8kg葡萄的箱内，放10片0.5g的这种药片置于葡萄上面，在-1~0℃和87%~93%的相对湿度下贮藏7个月，箱内葡萄只有0.6%变质腐败。但是，如果只用焦亚硫酸钾防腐，葡萄全部腐烂。SO_2必须缓释，不能释放速度过快。

二氧化硫熏蒸过度或缓释速度快会造成伤害，使果皮褪色，生成斑痕。在冷藏期间，发生的药害往往不明显，当移入温暖环境后则发展很快。另外二氧化硫对金属有腐蚀作用，因此，冷库中的机械装置应涂抗酸漆保护。二氧化硫对呼吸道和眼睛黏膜有强烈的刺激作用，工作人员出入库时应戴防护面具。可以选用仲丁胺原液或特克多处理。例如可以在库内按每千克葡萄0.15~0.2mL仲丁胺原液的比例进行熏蒸，或者用300倍液的仲丁胺浸果，或者用1 000mg/kg的特克多或扑海因浸果。

3. 脱氧剂保鲜法

日本贮藏葡萄多采用脱氧剂保鲜法。如将巨峰葡萄连同采收袋装入KOP薄膜（聚乙烯中加入了偏氯乙烯和聚丙烯而制成）大袋中，插入旧报纸，装12～13kg葡萄，冷却至5℃，然后装入一袋脱氧剂，将袋折叠起来用橡皮筋系紧密封。KOP薄膜与聚乙烯、丁二烯薄膜不同，其透气性能非常低，葡萄袋内的气体浓度O_2为1%左右，CO_2为30%左右。在高浓度CO_2条件下贮藏葡萄，可以防止脱粒，并抑制了一些腐败菌的繁殖。另据日本特公78-2582号专利报道，于9月15日自日本甲州采摘的巨峰葡萄20串，其中处理组10串，对照组10串，分放入宽25cm、长50cm的塑料袋内。把5g过氧化钙夹在宽10cm、长20cm、厚0.1cm的吸湿纸中间，再将葡萄放在铺好的吸湿纸上，然后密封，置于5℃温度下贮藏76d后，其损耗率仅为2.1%。未处理的对照果损耗率为10.3%，处理果脱粒率为4.3%，而对照果为82.2%。据此认为，过氧化钙遇湿后分解释放出的单分子氧[O]与乙烯反应，生成环氧乙烯，再遇水又生成乙二醇，剩下的是消石灰。这个过程可以消除葡萄贮藏过程中释放的乙烯，从而延长其贮存期。此种药剂安全有效，若与杀菌剂配合使用，效果更显著。

4. 仲丁胺防腐处理

仲丁胺是一种高效低毒、广谱性杀菌剂，可用于果品蔬菜的采后处理，对多种真菌具有抗菌活性，现已广泛应用与苹果、柑橘、梨、桃、辣椒等果品、蔬菜贮藏期的防腐保鲜，效果明显。此法对巨峰葡萄贮藏见文献报道。其特点是释放速度快，但药效期较短（2～3个月）。按照每千克葡萄0.10～0.20mL（土窖藏0.20mL、冷库藏0.10mL）用药量，将所需原液加等量水稀释，用脱脂棉或珍珠岩作吸附载体，装入开口小瓶或小塑料袋内，放入塑料小包袋中扎口贮藏。若用大帐贮藏，则在大帐四角和中央用绳子系上按上述药量吸附好的脱脂棉或布条，密封大帐。进行仲丁胺分袋或处理时，一定要戴橡胶手套，同时注意保护眼睛；仲丁胺不能直接接触葡萄，否则易产生药害（表现为果穗变褐）；贮藏中不要轻易开袋或揭帐，否则药剂易挥散，起不到防腐作用。

第三节　贮藏方法

葡萄贮藏可延长销售时间，提高商品价值，投资较小，见效较快。在传统的窖藏、通风库贮藏及冷藏的基础上，现代化的贮藏技术也逐渐应用到葡萄的贮藏保鲜上，并且取得了可喜的成果。世界各国对葡萄的贮藏保鲜技术有物理保鲜、化学保鲜和生物保鲜等，现罗列如下，以期为葡萄的贮藏发展提供理论基础。

一、物理保鲜技术

（一）辐射保鲜

辐射保鲜是指用射线消除葡萄果皮上的致病微生物，减少葡萄采后病害发生率从而达到保鲜效果。通过照射诱导果实，不但能降低果实的呼吸速率，消除贮藏环境中的乙烯气体，杀死病菌，还能提高果实自身抗病性，减轻采收腐烂损失，延缓果实的成熟与衰老，延长其贮藏保鲜期。据苏联等国家的试验证明，葡萄采用射线处理后可明显地延长贮藏期和货架寿命。Salukhe用0、$1 \times 10^5 T$、$2 \times 10^5 T$、$3 \times 10^5 T$、$4 \times 10^5 T$和$5 \times 10^5 T$辐射无核白葡萄，并将其在4.4℃下贮藏1个月。根据霉烂、颜色及风味的变化来进行品评等级。他得出结论认为，用$1 \times 10^5 T$和$2 \times 10^5 T$辐射的葡萄效果相近，货架寿命可长达1个月，而$3 \times 10^5 T$、$4 \times 10^5 T$和$5 \times 10^5 T$辐射的葡萄出现深褐色而变得不能销售，变褐归咎于某些酶在较高剂量辐射下可能产生的活化。所有处理在长达3个月贮藏期内没有霉烂和异味，而对照果实则由于霉菌的扩散蔓延而不可食用。辐射处理可延缓葡萄果实的总糖、可滴定酸、维生素C、总酚和总类黄酮等营养品质和功能品质的下降，抑制品质劣变和生物酶活性的上升，由此保证了保鲜效果。辐射保鲜天然环保应用广泛，值得大力推广，但对其辐射剂量和时间的选择是今后研究的重点。

（二）气调保鲜

气调保鲜是指调节果蔬贮藏环境中的气体比例，从而降低果实呼吸强度，减少养分消耗，延长保质期的技术。利用配有制冷设备和气调装置的密闭库，通过调节库内温度、湿度及O_2和CO_2含量，排出有害气体，将葡萄呼吸强度降到最低，延长保鲜期。目前，气调贮藏技术主要分为气体调节和气体控制两类。气体调节是指利用保鲜膜包装果实，膜内形成适宜的气体成分以达到果实保鲜的目的；气体控制主要是调节贮藏环境中气体成分的组成，在高CO_2和低O_2浓度的贮藏环境中，保持果肉组织细胞膜的稳定性，抑制乙烯的生成，维持果肉的硬度，降低果实的呼吸强度、多酚氧化酶（PPO）、纤维素酶（CAS）和过氧化物酶（POD）的活性，以延长葡萄贮藏保鲜期。

气调保鲜对水果和蔬菜是目前公认的最有效的贮藏方法，但是对于葡萄的贮藏，至今研究的还不多。据苏联的报道，葡萄在气调贮藏中发生腐烂的根本原因是由于霉菌的发展，并且绝大多数的霉菌是发生在穗梗上，穗梗是浆果类果实发病的根源。在整个过程中，穗梗上的霉菌比果粒上的霉菌增长速度要快得多。如在普通大气中，在贮藏末期果粒上的霉菌孢子数增长了51倍，迭尔卡特玫瑰果粒上的霉菌孢子数增长了47倍，而在穗梗上的霉菌孢子数却相应地分别增长了542倍和759倍。在气调贮藏中，霉菌孢子的平均数不论是在穗梗上还是在果粒上，都比在普通大气中贮藏时有明显降低，可以认为，提高CO_2的浓度抑制了霉菌的发展。适宜葡萄贮藏的气体成分是CO_2 3%、O_2 3%~5%，但不同的葡萄品种所需的气体成分会有所不同。采收后的葡萄果穗装入木制标准箱内后置于温度为0℃、空气相对湿度90%的冷藏库中，在气调贮藏条件下一般可以贮藏6~7个月。气调保鲜技术结合其他技术如低温、高湿、1-MCP（1-甲基环丙烯）等保鲜效果更佳，并且气调保鲜经济、安全无污染，所以在以后的保鲜行业中应大力发挥气调保鲜技术的优势。

（三）臭氧保鲜

臭氧保鲜技术是指在葡萄入库贮藏前用臭氧气体或臭氧水的强氧化性快速杀灭细菌，延长葡萄生命周期的技术。臭氧具有杀菌作用，用于果实贮藏保鲜，可以降低果实的腐烂率，减缓果实硬度下降，延缓果实成熟与衰老。朱东兴的试验结果显示，质量浓度为20mg/L的臭氧处理巨峰葡萄60min有一定的保鲜效果，该处理组在贮藏到第70天时落粒率仅为5.15%，到第80天时果实腐烂率仅为7.99%，均显著低于对照组。杨虎清等的试验结果显示，在（0±1）℃预冷18h后多次臭氧处理可降低葡萄果实的腐烂率，并且对果实外观无影响，但臭氧处理又加速了抗坏血酸和单宁的氧化，同时可滴定酸含量的降低，造成果实产生褐变，所以单独使用臭氧保鲜巨峰葡萄并不是最佳方案，应结合其他技术共同使用。

（四）热激保鲜

热处理是指对采后果蔬短时高温处理杀灭表面微生物，减轻果实病害现象的技术。盛建新的试验结果显示，45℃热水处理巨峰葡萄10min保鲜效果最明显，该处理组的葡萄在贮藏到第35天时失重率仅为对照组的80.3%，硬度变化最小，且落果率不到20%，显著低于对照组。此时果实中的维生素C含量是对照组的1.63倍，可溶性固形物含量和总酸含量也得到了有效维持，腐烂率得到了有效降低。热处理技术省时、高效，但过低或过高的温度都会对葡萄果实造成伤害，因此应研究不同葡萄果实的不同热处理温度对贮藏品质的影响，确定最佳的热激温度。

（五）速冻冷藏

葡萄的速冻冷藏，是利用制冷机对葡萄进行快速冷冻，而后进行冻藏的一种处理方法。将葡萄处理后置于-30～-25℃的低温条件下，使其迅速冷冻。这样的低温条件，抑制了葡萄采后的生理生化变化，同样也抑制了微生物的败坏作用。具体做法是将成熟的葡萄采摘后经挑选、清洗，放于近沸腾的水中浸泡1～2min，然后迅速冷却、摘粒，而后进行分散、加糖、包装，包装可用定量塑料袋，每袋0.5～1kg，最后在-30～-25℃的低温下冻结。冻结后将小包装放入果箱，置于温度-18～-12℃、湿度95%的冷库中长期贮存。这样可随时出库鲜销，完全保留了葡萄的色、香、味。

（六）冷库贮藏

葡萄贮藏多采用微型冷库与保鲜袋、保鲜剂结合进行贮藏保鲜，微型冷库可以新建，也可以用防空洞，也可窑洞及普通房屋改建。一般由贮藏室、机房和缓冲间3个部分构成，配置冷风机通风制冷，24h内能使果实温度降至0℃。

低温保鲜是指降低果蔬贮藏温度来抑制相关酶活性，降低生命活动强度，从而达到保鲜目的。郎延军等将七八成熟的巨峰葡萄贮藏于冰温0℃、95%湿度的环境中，待物料温度上升到室温时进行检测，试验表明，冰温环境中贮藏的巨峰葡萄几乎未出现失重现象，贮藏到第60天时坏果率仅为6.3%，远低于对照组的49.4%，且呼吸强度得到了有效抑制，葡萄果实的抗压强度随时间的延长并未受到影响。由此可见冰温高湿保鲜技术是适合于巨峰葡萄的保鲜技术，克服了常规冷藏保鲜技术保鲜期有限、控制烂果率并不十分明显、失重率大的缺陷，也突破了冻藏法对果实质构破坏程度大的缺陷，是一种有实际应用价值的保鲜方法。

贮藏前对库体进行彻底消毒，并提前预冷，使库温稳定维持在（-1 ± 0.5）℃，空气相对湿度保持在90%左右，O_2浓度2%～4%，CO_2浓度3%～5%。常用风冷式氟制冷的高温冷库，可自动控制库温，且库内各处温差小。葡萄扎袋入库后，果温长期恒定-0.8～0℃，此为最佳保鲜温度。要达到这个温度，库温应低于这个指标。若用纸箱包装，库温应为-2～-1℃。冷库空气相对湿度为85%～95%，O_2为2%～3%，CO_2为3%～5%为宜。

目前生产上贮藏效果好、贮期长、操作较方便、投资量不大的方法是小型冷库贮藏，冷库贮藏是国内主要方式。小型冷库具有良好的隔热保温库体和性能较好的制冷设备，能维持低而稳定的温度环境，再配合塑料薄膜保鲜袋具有良好的保湿和一定的调节袋内气体的作用，形成了较好的贮藏环境体系。在各个技术环节做好的情况下，可使阳光玫瑰葡萄贮藏4～6个月仍具有良好的商品性。

二、化学保鲜技术

（一）化学保鲜剂保鲜

化学保鲜剂保鲜是指通过化学物质的特殊化学特性保鲜果蔬的技术。常见的化学保鲜剂有二氧化氯（ClO_2）、1-MCP、6-苄氨基嘌呤（6-BA）、山梨酸钾和氯化钙等。固体ClO_2保鲜剂通过释放ClO_2气体达到杀菌保鲜的目的，ClO_2保鲜剂的保鲜效果在国际上得到一致肯定，被认定为安全、高效、环保的新一代食品保鲜剂。韩永生等用自制固体ClO_2缓释保鲜剂保鲜巨峰葡萄，结果显示，释放速率为20μg/h的ClO_2，处理过的葡萄果实较之于对照组霉菌生成率显著降低，但过高浓度的ClO_2会对果实产生裂果现象，因此应控制ClO₂浓度。并且ClO₂还可抑制病原菌对果实的侵害，由此降低腐烂率和失水率，也抑制了多酚氧化酶活性，延缓褐变现象产生。植物生长调节剂处理保持葡萄贮藏品质，如采前用浓度为20mg/L的6-BA处理，可以大大减少采后贮藏中果实腐烂和落粒显现的发生，进而保持了葡萄较高的贮藏品质。吕彦斌等的试验结果显示，仲丁胺保鲜剂可有效保鲜巨峰葡萄，货架期延长了8d，可溶性固形物、可滴定酸等的含量变化幅度较小，且维生素含量得到了有效维持，保鲜效果显著。

（二）涂膜保鲜

涂膜保鲜技术是指在果实表面均匀涂抹高分子液态膜，干燥后液态膜阻断果实与空气的气体交换从而降低果实的呼吸强度，减缓营养物质消耗，延缓衰老的技术。壳聚糖属于多糖，葡萄果实采后涂抹能明显抑制其呼吸强度的升高和可溶性固形物、可滴定酸含量的下降，减少蒸发失水，保持果实新鲜度，防腐抑菌。田春莲等的试验结果显示，1%壳聚糖在2℃环境中贮藏30d效果最好，该处理组的巨峰葡萄在贮藏过程中呼吸强度变化一直低于对照组，且有效抑制了果胶酶活性，抑制丙二醛含量上升，提高了超氧化物歧化酶的活性，抑制过氧化物酶的活性，从而达到保鲜目的。这与赵凤等用1%壳聚糖涂膜处理可保持葡萄果实色泽和亮度，降低呼吸强度和失水率的结论基本一致。

三、生物保鲜技术

（一）微生物拮抗保鲜

微生物拮抗保鲜是指微生物分泌出抗菌物质，消灭葡萄果皮上致腐烂微生物，或与微生物争夺果实中各种营养成分以维持生命活动延长贮藏期的技术。张劲等的试验结果显示，用罗伦隐球酵母拮抗菌保鲜巨峰葡萄可抑制灰霉菌的繁殖，且抑菌效果与拮抗菌的使用浓度成正比，贮藏第2天时，10^8CFU/mL和10^7CFU/mL的拮抗菌悬液处理的巨峰葡萄尚未出现腐烂现象；贮藏到第4天时，10^8CFU/mL拮抗菌悬液处理组的葡萄腐烂率控制在5％以下，显著低于对照组的80％，甚至贮藏到第6天时腐烂率也未超过50％。

（二）天然提取物保鲜

天然提取物保鲜是指从生物中提取天然活性物质，该物质可抑制果实表面微生物活性，降低果实生命活动强度。天然提取物安全无污染，在保鲜业中将得到广泛应用。汪开拓等研究发现，不同浓度的茉莉酸甲酯在（0±1）℃的环境中对巨峰葡萄青霉病的抑制效果，结果显示，10μmoL/L的茉莉酸甲酯保鲜效果最佳，该处理组的葡萄在贮藏到第16天时烂果率为12.43％，远低于对照组的45.69％，此时果实表面的细菌总数为4.67×10^2CFU/g，和对照组的8.70×10^5CFU/g相差显著。茉莉酸甲酯对葡萄果实病果率的抑制和病斑面积的扩大也有明显的抑制作用，在贮藏到第16天时，10μmoL/L的茉莉酸甲酯处理组的果实病果率仅为16.7％，远远低于对照组的74.3％，此时果实表面病斑直径为2.41mm，小于对照组的4.19mm。

四、其他保鲜技术

除上述几大保鲜技术外，还有许多其他保鲜巨峰葡萄的方法，如室温条件下（23±1）℃ 1-MCP+SO_2杀菌袋保鲜；冰温+樱桃膜气调保鲜；CT2/CT1以5∶1比例+冰温贮藏（-1.5～0℃）保鲜；10％O_2+（10％～15％）CO_2结合冰温贮藏保鲜；臭氧+CT2保鲜；热激+$CaCl_2$保鲜；2％羧甲基壳聚糖+0.02％茶多酚保鲜；黄连、大黄、丁香、甘草和肉桂提取液涂膜保鲜；抗真菌剂纳他霉素可抑制酵母菌和霉菌，对人体健康无害，已被国际公认并将其用于食品的贮藏保鲜中，以保持贮藏品质，延长保鲜期。

第四节　冷库贮藏方法与管理措施

不同品种的葡萄，不同地区的葡萄，其成熟时间不同，南方葡萄成熟时间大多为8—9月，北方约10月以后。若气温较高，其他的窖藏、通风库贮藏等不适宜，一般采取冷库贮藏比较合适，所遵循的原则是低温、高湿、通气、防霉。

有制冷设备的恒温库是大规模现代化的一种贮藏方式，对温度更能严格控制，还可以通过排风口的风机强制通风换气，保证库内的空气新鲜。葡萄采收后，选择质量好的果实装筐，及时运往冷库，迅速降温。将经过处理的葡萄装入用0.04mm厚的聚乙烯薄膜制成的可装4~5kg的袋中，加入保鲜片，扎口密封。维持库温-1~0℃，相对湿度为90%~95%。入库要科学码垛，库内果箱堆码呈"品"字形，并留好通风道，保证气流均匀地通过，码垛时应视包装箱的载量及承压力和库房高度决定码垛的高度。贮藏期内不再进行任何处理，至春节期间好果率达98%，果柄绿色，并基本保持采收时的色、香、味。

冷库贮藏保鲜的一般工作流程为：冷库准备与消毒→采收（选择优质葡萄）→加工（修整果穗等）→果穗装入内衬为PE保鲜袋的果箱中→运入微型冷库→在（0±0.5）℃库内环境中敞口预冷10~24h→扎紧袋口、封箱、码垛→在（-1±0.5）℃条件下贮藏。具体可见图6-1至图6-12。也有采用预冷后再装箱，装箱时葡萄要排列整齐，主穗梗朝上，穗尖朝下，每箱重量相近。均匀投放保鲜剂（用量符合要求），装妥后扎紧塑料袋口贮藏。但效果不如前者。采用塑料薄膜袋贮藏，贮藏期间若袋内结露严重，必须开袋除湿，无结露后再扎袋贮藏，否则会加重腐烂，缩短贮藏期。

　　采收后如果进行异地贮藏或经过较长时间运输，则应采收后立即进行保鲜处理。具体如下：空筐准备→放好无孔塑料袋、抽绳式无纺布缓冲袋（图6-2）→放置吸水纸，修剪好的葡萄→保鲜处理（可放置1-MCP、吸水纸、缓释剂片剂或胶囊垫）→抽紧缓冲袋，掖好塑料袋→运输入库→预冷→扎紧塑料袋口→贮藏。

　　采收后短距离入库贮藏的葡萄，需要将葡萄入库预冷，然后进行保鲜处理，贮藏。具体如下：空筐准备→放好无孔塑料袋→放置吸水纸，修剪好的葡萄→入库预冷→保鲜处理（可放置1-MCP、吸水纸、缓释剂片剂或胶囊垫）→扎紧塑料袋口→贮藏。

图6-1　无孔塑料袋+缓冲无纺布

图6-2　筐+无孔塑料袋+缓冲无纺布+吸水纸

图6-3　葡萄整理入筐

图6-4　葡萄入库敞开预冷

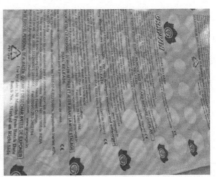

图6-5　第一代保鲜剂
（颗粒状缓释剂）

图6-6　第二代保鲜剂
（片状缓释剂）

图6-7　第三代保鲜剂
（胶囊状缓释剂）

图6-8　预冷后进行保鲜处理
（放吸水纸+缓释剂）

图6-9　预冷后进行保鲜处理
（放吸水纸+1-MCP）

图6-10　库内进行葡萄
保鲜剂处理

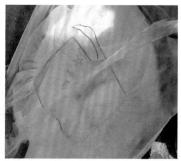

图6-11　葡萄扎口贮藏

图6-12　葡萄贮藏

一、入库前的准备

葡萄采收前，应提前做好库房的准备工作。提前对葡萄贮藏所用的仓库、包装容器等进行消毒（图6-13），消灭上年残留的有害微生物和病毒菌等。在使用前7d用1%浓度二氧化硫熏蒸20min灭菌消毒，或用1%的福尔马林或1.5%～2%的氢氧化钠或10%的配后放置一昼夜的漂白粉喷洒消毒，再用硫黄拌木屑，按每立方米库房容积6～8g的用量进行熏蒸后密闭两昼夜，然后打开门窗通风，驱除二氧化硫气体，通风换气2d方可使用。对制冷设备进行检修，使其处在良好的工作状态。消毒后关闭所有的通风孔，在贮前2～3d提前开机降温，使库温稳定在-1～0℃。

图6-13　葡萄库房、包装、用具消毒

二、预冷

预冷是葡萄贮藏非常重要的一个环节，目的是尽快排除产品的田间热，降低呼吸强度，减少物质消耗，抑制微生物的活动，大大延缓贮藏中病菌的为害和繁殖。另外，预冷还可以防治果梗干枯失水、阻止果粒失水、萎蔫和落粒，从而达到保持葡萄品质的目的。为了尽快降低果品温度，葡萄采后必须尽快放入-1～0℃的冷库内预冷。预冷时应将保鲜袋口充分敞开，不留死角。预冷时间为12～20h，一般不超过24h，待葡萄降到0℃时进行保鲜剂处理，放SO_2缓释剂或1-MCP等，然后扎口入贮。预冷速度越快越彻底，袋内结露越小，贮藏效果越好。入库预冷超过24h，则贮藏期间葡萄容易出现干梗、脱粒；超过48h更严重，所以采后快速入库、快速预冷和缩短预冷时间是防止葡萄贮藏干梗、脱粒的关键措施。

用于贮藏的葡萄最好在田间严格挑选后1次装箱，并在尽可能短的时间内运回冷库。数量少时，可将包装箱摆放在托盘上或货架上。数量多又没有货架，包装箱呈长方形时，可"十"字交叉码垛

3～5层。一次入库数量越少，降温速度就越快。葡萄果梗易失水，预冷时间应尽量短，但标准是果温必须降到-0.5～0℃，这样就必须控制每次入库的数量。有条件时可采取多库预冷，集中贮藏的方式。在冷机工作状态良好，进货量适当，摆放合理的情况下，预冷一般在12～20h完成。

三、装箱

贮藏葡萄用的果箱可选用纸箱、木箱、塑料箱及泡沫箱。纸箱成本虽低，但透气性不良，贮藏效果较差；木箱、塑料箱透气性好且结实耐用，为广大果农所接受；泡沫箱美观、保温性好、耐运输、市场好销，但成本高。常用的塑料袋有两种，一种是0.03mm厚的PE保鲜袋，另一种是0.04～0.06mm厚的葡萄专用保鲜PVC袋。若用木箱、塑料箱装葡萄，箱内要衬白纸，然后放塑料袋，以防止塑料袋破损，同时外观也好看。恒温库内货架采用防锈漆圆形无缝钢管安装，卡子固定，货架高度为1.8～2m，采用长2m、宽0.4m、厚度0.04m以上竹板进行搭设，中间每隔高0.4～0.5m成货架式隔开，每层摆放一层或两层葡萄箱。

四、码垛要求

葡萄预冷后要求按"品"字形码垛，留好通风散热的通道。无论是长方形或正方形的贮藏间，都要按制冷设备上冷风机送风方向相同的部位，自上而下、自前而后留下宽80～100cm通风道，靠库壁留出10～20cm散热带，库底留10～15cm高的空气流通带（木质托盘）。果箱之间要留出5～10cm空隙。码垛时，垛与垛之间、垛与墙壁之间都应留出至少10cm的通风空间使货物周围有冷空气流过。库房切忌放得太满，库顶一定要留出60～80cm的通风道，使冷风机出口的冷风从前送到最后，再从地面回到风机，形成一个闭路循环，使库内各个部位温度均匀。葡萄包装箱在库内存放时堆码周围应留下80～100cm的通风带，果箱之间要留有5cm左右的空隙，按"品"字形码垛，垛高不超过10m，宽不超过3m。装满库以后，库房（按50～100t贮藏量计）应根据不同外包装材料，按下列标准调整库温，促使果温达到-1～0℃。泡沫箱包装，将库温降至-2～-1.5℃。20～30d后回升到-1～0℃；木箱、塑料箱包装，将库温降至-1.5～-1℃，10～15d后回升到-1～0℃。为防止受冻，对吊顶风机出风口处的果箱，需要盖一层纸板或草帘。码垛时根据入库时间、产地、等级等信息分级码垛，以每立方米不超过200kg的贮藏密度排列。

五、贮期管理

葡萄入库前，库温以-1～0℃，相对湿度以85%～95%为好，对库内的温湿度变化，要建立健全定点定时观察记载制度，以便分析，并采取相应的有效措施。贮藏期间应定期对袋内果实进行检查，发现果实开始腐烂或出现其他问题时，应及时出库销售，以免造成更大损失。

经常检查，发现有出现问题的前兆，需及时处理，葡萄属浆果，它与苹果等耐贮果品的最大不同点就是箱内"苹果腐烂，烂单个""葡萄腐烂，烂一窝"。因此，一旦葡萄出现漂白、霉烂，就应立即处理，目前尚无较好的补救措施。发现问题后，可适当下调库温-0.5℃，以适当缓解销售上的矛盾。

为确保库内空气新鲜，要利用夜间或早上低温时进行通风换气（敞开所有通风口，开动排风机械），但要严防库内温湿度波动过大。

（一）温度

保持低而稳定的温度是冷库贮藏的技术关键，温度控制不严，上下波动幅度太大，易造成袋内结露和湿度过大甚至造成积水，容易发生腐烂和药害。如阳光玫瑰葡萄的最适贮藏温度是包装袋内温度控制在-0.5～0℃，在这一前提下控制库房的温度。贮藏条件温度过高，果梗腐烂，易引起大量脱粒，低温可降低果实的呼吸强度，但不宜过低，防止遭受冻害，故葡萄贮藏期间温度要严格控制在-1～0℃，库温稳定，波动幅度不得超过±1℃。

适宜的低温是保证贮藏的重要条件，低温能抑制浆果的呼吸作用，延缓浆果衰老的进程，延长贮藏寿命。因为0℃左右的环境下贮藏浆果，酶活性受到抑制，呼吸减弱，水解缓慢。所以，葡萄贮藏以-1～0℃为宜。在贮藏过程中应保持库温（-0.5±0.5）℃，必须保持库温的稳定，库温波动应小于0.5℃，库温波动太大易造成袋内结露而引起果实腐烂和药害发生。每天定时检查温度至少3次，严格控制库温稳定在-1～0℃，并避免温度波动。

温度管理是葡萄贮藏中的重要环节。温度波动导致"凝水"现象严重，使果梗干枯、脱粒、烂粒严重，并会引起药害的发生。因此，必须保持库温稳定。定期检查葡萄的变化，如发现霉变、腐烂、裂果、药害、冻害等变化要及时处理。当外界气温低于0℃时，可利用外界自然低温控制库温，以减少耗能。在管理时还要注意通风换气，在库内外温差小时进行。贮藏过程中要定时检查冷库的温度与葡萄贮藏质量，如发现葡萄果梗已显现干枯、变褐、腐烂或有较重的药害发生时，要及时销售处理。

（二）湿度

湿度低时，浆果蒸腾失水较快，水解酶活性增强，从而加速了浆果的衰老；湿度过高时，贮房内壁、贮藏容器和浆果表面易凝结水珠，这就为微生物的侵染创造了条件，易发生病害，引起浆果腐烂。葡萄浆果在空气相对湿度为90%～95%的条件下，贮藏损耗最低。在库内放置干湿温度计可自动记录湿度，当湿度不足时应在地面洒水补湿。葡萄果粒不易失水，采用塑料保鲜膜包装后可以满足葡萄对湿度的要求，防止果梗失水现象的发生。需要说明的是，聚氯乙烯保鲜膜的透湿率是聚乙烯保鲜膜的十几倍，可以有效地防止袋内结露与湿度过高。空气湿度过低，不利于保鲜，过高则果面易结水珠，故空气相对湿度90%～95%、氧气2%～4%、二氧化碳3%～5%的气体环境下最适宜。浆果贮藏过程中，仍然进行呼吸作用，产生的CO_2和乙烯气体较多，需在夜间打开气窗及时排出。待库温稳定在-1～0℃时，可适当降低氧气并提高CO_2的浓度，以削弱果实呼吸作用，减少葡萄养分内耗，保持果品品质，延缓衰老，延长保鲜贮藏期。

具体要做到以下三点：一是每个库放1～3支温度计和1支湿度计，温度计分别放于1m、2m、3m高处，每次取平均值。湿度计放在距地面1.5m高处。二是库外放温度计和湿度计各1支。每天定时记录库内外最高最低温度，以供分析。随着季节变化需采取有力措施调节库内温湿度（温度主要通风换气，湿度主要用加水解决）。三是气体成分，适当提高贮藏室内或容器内CO_2浓度并降低氧的浓度可有效地抑制浆果的呼吸作用，削弱果胶、叶绿素和其他营养物质的降解过程，从而延缓葡萄浆果衰老进程，并能明显抑制微生物的为害，延长贮藏期限。一般在0℃条件下，葡萄浆果以O_2浓度2%～4%、CO_2浓度3%～5%时，贮藏效果最佳。对于短期贮藏或货架期保鲜，采用气调有一定的前景，还需要系统研究。但对于葡萄的长期商业性贮藏来说，气调贮藏并没有很好的前途，除非与一定浓度的SO_2相结合，否则，单靠气调不能控制葡萄腐烂。目前，我国葡萄贮藏保鲜主要是依靠塑料袋包装结合SO_2保鲜剂冷藏的方法，选择具有适宜透气性的塑料保鲜膜，可以达到一定的气调效果，延长葡萄保鲜期。

（三）果实出库

从冷库中取出的果实，遇高温后果面会立即凝结水珠，果实颜色发暗，果肉硬度迅速下降，极易变质腐烂，因此，当冷库内外温差较大时，出现的果实应先移至缓冲间，在稍高温度下锻炼一段时间，待果温逐渐升高后再出库，以防果品因温度突变而变质。

经贮藏后的葡萄具有下列特点：一是它仍然是有生命的机体，即仍具有新陈代谢的能力，但已到"晚年"，如环境条件不适，则很快腐败变质。二是冷藏葡萄处于低温休眠状态，出库后最忌高温，因温度升高，呼吸作用加强，会显著地缩短货架期寿命。三是葡萄在贮藏期间温度比较稳定，出库后惧怕温度剧烈波动，忽高忽低不仅刺激葡萄呼吸加强，而且易产生气流水珠，加大了湿度，使微生物活动加快，加速商品变质。四是葡萄箱内的保鲜药剂遇高温高湿，加快分解，释放过量的二氧化硫气体，易产生药害。因此，做好葡萄出库后的养护，设法延长它的货架期寿命，是葡萄贮藏保鲜的重要环节，这不仅关系到商业经济效益的好坏，更重要的是能否把葡萄以最新鲜的状态供给广大消费者。

为此，须采取以下措施：一是搬运及一切操作过程中掌握一个"轻"字，即轻搬轻放，不倒置，不碰撞，防挤压，防震动，严防各种直接或间接的机械伤害。二是远距离运输时应尽量缩短运行时间，一旦装车，就应快速运往目的地，中途歇人不歇车，所以运葡萄时应选择有经验的驾驶员和质量好的车。三是设法保持低温环境，最好是0℃。长途运输时要用冷藏车、保温车，或用双层棉被加塑料薄膜等材料密封的自制土保温车，防止冷气散发。运到目的地后如有条件应立即置于冷库或冷藏柜中。如无冷藏条件时，选择背阴处作临时贮藏。先在地面上铺一层泡沫料板或棉被。将葡萄箱紧密地码成1.5m左右高的垛，中间不留空隙。减少冷热空气交换。严禁放在暖气、火炉等热源旁边，避免反复倒动频繁。四是当葡萄温度超过10℃，或者5℃以上且维持一周后，应打开箱子。敞开塑料袋口，摊除湿气，防止药害发生。五是发现有腐烂掉粒时，应及时整穗并尽快出售，保证售出的商品质量。六是还应向消费者宣传携带和保管知识，将购回的葡萄放在冰箱下层及背阴的晾台、走廊等冷凉处。如养护得当，保管合理，贮藏良好的葡萄在北方常温下可存放7～10d保持新鲜不变质，有冷藏条件的可保存15d以上。

葡萄属于浆果类水果，葡萄皮薄汁多，含糖量高，但是在采摘后如果贮藏条件不当，易造成脱粒、果柄干枯萎蔫、漂白果实腐烂等。总之，葡萄的贮藏是一项综合性的技术，做好每个环节，才能取得良好的效果。建议初涉足贮藏者应先了解一些相关知识，并做少量贮藏试验，取得经验之后，再进行规模贮藏。

第五节　葡萄贮藏期生理病害及其防治

一、褐变

葡萄果肉褐变在不同品种上的表现不同，红色品种褐变表现为果实色泽发暗，一些白色品种更易显现，如牛奶、无核白、意大利、白马拉加等欧洲种的脆肉型品种，这类品种在贮藏后期也易出现果肉内部褐变，一般是从维管束开始褐变向果肉扩展。阳光玫瑰葡萄在贮藏中黄绿色变暗，不再透亮。贮藏期，应随时注意观察褐变的初始迹象，并及时出库销售。葡萄的褐变有多种因素引起，衰老也是褐变的一种表现，冻害或损伤也能引起果肉褐变。此外，灰霉病等病菌的侵染，果实贮藏过程中气体不适也会引起果肉褐变。

二、裂果

葡萄贮藏过程中，裂果多发生在果顶或果梗附近。若采前灌水或成熟期多雨，即使果皮较厚的巨峰葡萄，在贮藏期间也会发生裂果，并随贮藏期的延长而加重。此病应通过栽培措施加以克服。开裂的果实在贮藏过程中不但自身易腐烂，出现漂白斑点，而且裂果易造成保鲜剂局部积累过多，其余部分葡萄果周围的药劲不足的现象。在贮藏过程中要防止裂果，主要办法是：一是合理修剪，防止过量结果。二是花期至果实采收期应保持土壤水分均衡，避免忽干忽湿。三是果实套袋。四是降水量大的年份或者生长前期干旱后期降水量大的年份，应延迟采收葡萄并延长预冷时间。五是采收前喷布100倍CT葡萄涂膜剂。六是严禁有裂果的葡萄入库贮藏。七是采收及贮藏过程中要轻拿轻放，防止挤压、颠簸，包装容量不宜过大，应以单位重量5kg以下为宜。八是降低贮藏过程中保鲜袋内的湿度。贮藏过程中湿度过大，易引起裂果。裂果后很快霉烂变质，大大影响葡萄的商品性。

防治方法：加强采前肥水管理，尤其是采前1~2周严禁灌水；合理调整负载量，进行疏花疏果，使果穗不过于紧密，以防挤压造成裂果；贮运包装容器一定要装满装实，防止因震动挤压造成裂果。

三、冻害

北方地区，晚熟、极晚熟品种会受各种因素影响而推迟采收期，常会在晚秋遇到早霜冻。虽然略低于冰点的温度并不伤害果实，但可使果梗变成深绿色，呈水渍状态，贮藏时易受SO_2侵害，出现浅褐色腐烂，最后造成果梗干缩变褐。果实受冻时，可呈褐色、蔫软，或渗出果汁。冻害还导致霉菌侵染，引起霉变腐烂。冻害既可能发生在田间，也可能因冷库温度低于葡萄冰点引起。

防治方法：一是采收期不宜过晚。应在早霜之前采收完毕。二是靠近冷风机附近的葡萄应加覆盖物。三是贮藏过程中，温度应严格控制在-0.5~0.5℃，主要是控制库温不能低于-2℃。若短时间低温使葡萄发生轻冻伤，不要移动葡萄，当温度调至-0.5～0℃条件下会逐步复原。若长时间低温造成冻伤，则失去商品价值。四是及时观察库内的情况，一旦看到葡萄出现冻结情况应及时调控温度，若冻结时间不很长，通过逐步升温可以缓解。阳光玫瑰葡萄一般果梗、穗柄、穗轴含水量高，若温度过低易产生冻害。梗柄受冻后，呈水浸状，之后褐变发霉，霉菌沿果柄侵入果肉，造成果粒腐烂脱落。

四、药物伤害

（一）二氧化硫伤害

主要是二氧化硫伤害。药物伤害会使葡萄果粒近果蒂部位发白，果面无光泽。如红色品种果粒变成浅红色。白色品种的果粒变成灰褐色。严重时果梗、果柄均变白。受伤的葡萄遇高温后变褐，有硫黄气味，不能食用。不同品种对二氧化硫的敏感程度不同。受SO_2伤害的葡萄，症状是果皮出现漂白色，以果蒂与果粒连接处的果梗或果皮有裂痕的伤口处最严重，有时整穗葡萄受害。

葡萄贮藏过程中经常出现严重的漂白现象，造成巨大的经济损失。有的葡萄如阳光玫瑰对SO_2相当敏感，SO_2对阳光玫瑰葡萄伤害的主要症状表现在果面发生大量漂白斑点，重者漂白斑点凹陷腐烂。SO_2首先破坏了葡萄表皮保护组织蜡质层，然后进入浆果中伤害表皮细胞和果肉细胞并与花青素结合造成漂白斑点的发生。降低SO_2对葡萄的伤害可通过保护葡萄的果皮组织、降低SO_2使用剂量和延缓SO_2释放等途径解决。

防治方法：一是不采摘成熟不良或采前灌水的葡萄用于贮藏。二是减少人为碰伤，一旦果皮破伤或果粒与果蒂间有肉眼看不见的轻微伤痕，都会导致SO_2伤害，而出现果粒局部漂白现象。挤压伤也会引起褐变，压伤部位呈暗灰色或黑色，并因吸收SO_2而被漂白。三是对SO_2较敏感的葡萄要通过增加预冷时间、降低贮藏温度、控制药剂用量和包装膜扎眼数量预防或者使用复合保鲜剂，适当减少SO_2释放量。掌握好使用浓度，应用塑料袋、帐贮藏葡萄时，一定要预冷透，并且在贮藏过程中，库温一定要稳定，库温波动幅度不得超过±1℃；否则因袋内湿度过大，二氧化硫缓释剂吸潮快，促使二氧化硫释放加快，从而引起对葡萄的伤害。葡萄对二氧化硫抗性不强，受害后色泽变浅，严重时整个果穗包括梗、柄被漂白，遇高温褐变，果肉有硫黄味道。不耐二氧化硫的葡萄贮藏时，要在葡萄上部放一层包装纸，将药剂放在包装纸上，再用一层包装纸盖在药剂上，以保证药剂释放的均匀性。若发现所贮葡萄已产生药害，则应立刻开袋或揭帐通风换气，严重时要终止贮藏。

（二）氨气伤害

使用氨制冷系统的库房，若氨液发生泄漏，也会产生药害。氨泄漏的危害症状是葡萄变成蓝色或浅蓝色，之后果皮、果梗褐变。发现这种情况后，应及时检修机械和通风换气，以减轻危害和损失。使用氨气制冷系统的库房，注意防止氨液泄漏。

五、干梗

葡萄贮藏过程中常出现果梗失水现象，而造成商品性下降。特别是果穗分枝的小穗梗与细弱的小果梗表现得尤为突出。葡萄干梗的表现可从葡萄在包装箱中的部位分为两种类型：一种为果箱上层葡萄干梗严重，下层不干梗或较轻；另一种在一箱中干梗无规律性。从单穗的症状来看又可分为如下几种：一是局部小果柄、果梗、穗梗初期颜色变深，上有一层白色菌落，这种症状在采收时就已出现，随着贮藏期的延长，病部变干、变黑，这种症状在包装箱中无规律性发生，主要是由葡萄田间病害引起。二是在贮藏过程中小果柄、果梗、穗梗变黄褐色并且干梗，往往穗轴发生较严重，有的还伴随着果粒变软，这种症状发生无规律性，采收时遇霜的葡萄易出现这种症状。三是小果梗变干、变黄，逐渐变黑。这种症状在包装箱中无规律性发生，主要由于采前霜霉病、白腐病侵染所致。四是葡萄小果柄变黄、变干，果柄逐渐变黄、变干，严重者穗轴变黄、变干，这种症状主要在箱子上层葡萄中发生，其原因主要是由于失水而引起，如阳光玫瑰葡萄贮藏过程中出现干梗现象，80%以上均属于这种类型。

引起葡萄失水干梗的因素很多，首要因素是果梗组织结构较疏松，因此决定了果梗具有较高的失水率。其次，严重的病原菌侵染和SO_2伤害均可破坏果梗组织结构，导致失水过多而引起干梗发生。另外，不规范的生产过程可能造成果梗组织结构致密程度低也是一个重要原因。

六、脱粒

葡萄采收果粒脱落是贮藏过程中常见的问题，严重影响商品价值。脱粒主要与果梗和穗轴中的激素含量、组织结构及生理代谢有关。采收、装运过程中应轻拿轻放、减少运输中的震动，延缓果梗衰老等都可有效减少脱粒。

由于葡萄果粒与果梗结合紧密，而且果梗柔韧性较强，正常情况下不会发生脱粒现象，只有在果梗严重腐烂时才会出现脱粒现象。葡萄脱粒率与果梗腐烂程度有直接的关系，预防果梗腐烂是防止各种葡萄脱粒的最好措施。

第六节　葡萄采后主要微生物病害及防治措施

从营养组成上看，葡萄浆果适宜于细菌、酵母菌和霉菌的生长繁殖，但浆果pH值一般在2.9～4.0，这限制了细菌的生长。葡萄贮藏必须在相对湿度很高的环境中，这对霉菌的蔓延极为有利。在葡萄贮藏过程中，开始引起腐烂的是霉菌。其次是酵母菌。当霉菌与酵母菌从伤口进入后，破坏细胞壁的果胶物质，改变了环境的pH值，才为细菌的繁殖提供条件。葡萄浆果表面有一层蜡质起保护作用，腐生菌一般从伤口或蜡质剥落处进入而生长。

引起葡萄采后腐烂的主要病原菌有黑根霉、青霉菌、葡萄芽枝霉菌、葡萄酸腐病、葡萄枝孢霉腐烂病、灰霉菌、根霉、交链孢等。交链孢与灰霉菌的侵染属于潜伏浸染，根霉侵染则是在采收时或采收后从伤口处侵染葡萄组织。另外，葡萄贮藏过程中，粒穗毗接，接触传染是其病害传播的主要方式。

葡萄采后易受霉菌侵染而造成腐烂，从而造成严重的经济损失。控制腐烂是葡萄贮藏过程中需要解决的主要问题。葡萄组织结构比较娇嫩，在采收过程中极易受伤，且葡萄采后抗病能力迅速下降，含糖量很快提高，已"半培养基化"。因此，葡萄在贮藏期间容易受到病原微生物侵染。

葡萄贮藏过程中的各种病原菌侵染源主要包括田间侵染、表面携带、病果传染、环境感染。如有葡萄在田间生长时感染上菌，但未表现出来，称为"潜伏侵染"或"静止侵染"。在采收时或采收后病菌从各种伤口侵染葡萄组织。病原菌主要通过伤口、自然气孔（气孔、皮孔等）、直接穿过角质层3种方式进入葡萄果实内部。在葡萄贮藏过程中，果实粒穗毗邻接触传染则是病害传播的主要方式。

一、葡萄灰霉病

也称葡萄灰孢霉菌，病原菌是属半知菌亚门丝孢纲葡萄孢属的一种真菌。该病在我国南方的江苏、浙江、上海、湖南、湖北、四川及北方的山东、辽宁等地都普遍发生。葡萄灰霉病是鲜食葡萄上最具毁灭性的病害，果实及果梗被害，感病后果实表面出现凹陷病斑，很快整个果实腐烂，先出现大片的白色霉层，后期霉层变成鼠灰色，果梗变黑色，不久在病部出现褐色块状菌核。该病是为害葡萄花序、果穗和果实，也为害新梢和叶片的一种真菌性病害，是葡萄产前至产后贮藏期的一种主要病害。通过3种方式侵染果实，一是早期侵染葡萄的花柱柱头，直到浆果成熟后才恢复活性；二是孢子萌发侵入浆果果品，直到浆果成熟时恢复生长；三是灰霉的孢子还可通过机械损伤侵入浆果的角质层和表皮，病菌主要通过伤口侵入。灰霉菌侵染葡萄后在侵染处有明显的裂纹，轻微挤压即可使组织暴露，后期出现明显的灰霉症状。果实、果柄被害后，出现褐色凹陷的病斑，很快腐烂，在病斑上长出灰黑色的霉层，果梗变黑，不久在病斑上长出黑色块状的菌核。灰霉在黑暗和潮湿条件下迅速扩散，造成整袋葡萄被侵染而腐烂。

灰霉病是葡萄采后流通过程中最主要的病害。灰霉病主要发生在果实上，成熟果实及果梗被害，果面出现褐色凹陷病斑，很快整个果实软腐。冷库条件下，经常出现整个果粒完全变褐、果肉软烂的现象。温度较高或病变严重时先出现白色霉层，后期霉层变为鼠灰色，果梗变黑色，不久会在病部长出黑色块状菌核。

二、葡萄青霉病

又名蓝霉病，此病是葡萄贮藏期的常见病害。在包装箱里，一旦发病便迅速扩展，造成大量烂果，危害严重。由半知菌亚门丝孢纲青霉菌属真菌寄生所致。受害果实发病初期呈水渍状斑，果实上形成圆形或半圆形的凹陷，果皮皱缩，果实软化，果肉变成透明浆状物，逐渐变软腐烂，果梗和果实表面覆盖一层白色的霉层，后转为青绿色并增厚，为病菌的分生孢子梗和分生孢子，孢子易振落，染病组织有霉败的气味。

三、葡萄枝孢霉腐烂病

其病原是丝孢纲中多枝孢霉,该病是葡萄贮藏期的主要病害之一。其病症是在果皮下有明显黑色腐烂病斑,病斑扩散很慢,侵入深度较浅,受害组织较硬,并与果皮连在一起腐烂,一般损失不太严重,但影响销售。

葡萄枝孢霉腐烂病主要发生在葡萄果梗上。症状主要表现在侵染部位上产生局部的淡褐色或棕色腐败病斑,组织裂缝中长出茸毛状灰色真菌菌丛,上面有分生孢子和分生孢子梗,果梗褐变软烂,果粒很容易脱落。

四、葡萄根霉腐烂病

该病是一种传播迅速并具有毁灭性的病害,其病原是属接合菌纲的黑根霉。此病分布较广,多发生在温暖、潮湿的环境中,是葡萄贮藏期的重要病害。葡萄根霉腐烂病主要发生在果粒上,葡萄受害初期,受侵染的果实开始变软,没有弹性,继而果肉组织被破坏,果肉菌丝侵入果实先呈褐色水渍状斑块,而后果实开始变软,没有弹性,继而流汁、软烂,果皮易脱落。继而在常温常湿条件下,发病中后期的果粒表面长出白色菌丝体和细小的黑色点状物。在低于4℃的冷库中,根霉菌丝体生长受到抑制,孢子囊为致密的灰白或黑色团状物,紧附在果实表面,难以对葡萄产生为害,但在高温条件下发病速度极快,常常造成毁灭性腐烂。应控制贮运温度在3℃以下,调控气体成分为O_2和CO_2含量均在5%以下。减少果实机械损伤,是预防此病的关键所在。

五、葡萄酸腐病

该病是葡萄贮藏期的一种常见病害。受害果粒腐烂,果皮开裂,病果流出果汁,闻之有醋酸味。该病通常是醋酸细菌、酵母菌、多种真菌和果蝇幼虫等多种生物混合寄生所引起的病害。当库内高温多湿，空气不流通时，果穗内先有个别果粒腐烂，其汁液流滴到其他果粒上，迅速引起其他果粒腐烂。应控制贮运温度在3℃以下，调控气体成分为O_2和CO_2的含量均在5%以下，减少果实的机械伤口，并加贮藏保鲜剂进行控制。

六、葡萄曲霉腐烂病

又名黑粉病，果实及果梗被害，引起葡萄组织非水渍状腐烂，组织褐变，烂果表面出现大量的黑粉状或紫黑粉状物质，用手触碰腐烂的果穗，会释放出尘埃状粉末，有时也会出现棕色、浅黄色或绿色的霉腐，多发生在葡萄果柄基部或果粒伤口处。

七、葡萄链格孢腐烂病

该病受害果实上产生褐色或棕色的病斑，组织裂缝中长出茸毛状灰色真菌菌丝，上面有分生孢子和分生孢子梗，病果很容易从果穗上掉落。交链孢霉引起的腐烂先是从果脐周围形成棕褐色和深褐色的坏死斑，后期罹病果粒从果穗上脱落。

八、葡萄拟茎点霉腐烂病

发病初期在果粒上产生直径约1mm的淡褐色斑点，幼果时期的病斑到成熟时才扩大，呈水渍状软化腐烂；后期病斑直径10~20mm，贮藏期常发病致使果粒腐烂。

九、防治方法

第一，田间喷药，可减少如灰霉菌等病害的继续发展，加强田间防治是减少腐烂的有效措施。葡萄果实膨大期至着色前，选用绿亨5号可湿性粉剂800倍液喷雾，10d喷1次，连续2次。葡萄采收后，为控制病害的扩展为害和降低越冬病菌基数，可喷洒1次

1∶1∶180倍液的波尔多液；第二次喷洒1∶1∶160倍液的波尔多液，10d喷1次，连续喷3次。

第二，减少机械伤害，可防止如青霉菌等从伤口侵染，减少腐烂。

第三，保持低温，不但减少果实呼吸作用造成养分消耗，而且抑制病原菌的活动。

第四，使用采后防腐剂，可以抑制病原菌的生长繁殖。

葡萄贮藏期间常见的病害可在采后及贮藏期进行防治，常用的防治方法有二氧化硫密闭熏蒸消毒法。每立方米直接燃烧0.5~2.5g硫黄，熏蒸20~30min，然后通风，也可以把高压瓶中的二氧化硫直接引入贮藏室内熏蒸，剂量为130~150mg/L。对于长期贮藏的葡萄，贮藏期间每隔2~10d熏蒸1次，每次30min，用量为每立方米0.1~0.25g。焦亚硫酸片剂箱装消毒法，每7~9kg葡萄用焦亚硫酸片剂40~50片。

总之，葡萄极易发生机械伤，因此在采收、装箱、运输、贮藏过程中要轻拿轻放，避免或减少磕碰、挤压、摩擦、震动造成的伤害，采收时最忌用手提拉果粒和倒箱。解决贮藏问题，要抓好采前管理、采收、包装、短途运输等环节，防止各类损伤发生。注意天气预报，依据田间水分和果品湿度情况，调整敞口预冷时间，加速降低果品温度和湿度；合理用药，库温稳定等各个环节配合才能贮藏好葡萄。

参考文献

陈湘云，王先荣，石雪晖，等，2019. "阳光玫瑰"葡萄生物学特性及其栽培关键技术[J]. 湖南农业科学（8）：70-73.

段银昌，2009. 红地球葡萄的采收贮藏及保鲜技术[J]. 果树花卉（9）：15-16.

高聪聪，刘云飞，董成虎，等，2020. 新型保鲜剂处理对阳光玫瑰葡萄贮藏品质的影响[J]. 食品与发酵工业，46（10）：147-151.

高海生，刘新生，1998. 鲜食葡萄的现代贮藏技术[J]. 西北园艺（2）：25-26.

关文强，冯丽琴，李丽秀，2006. 红地球葡萄贮藏保鲜技术[J]. 保鲜与加工（2）：44-47.

蒋爱丽，李世诚，杨天仪，等，2007. 优质大粒四倍体葡萄新品种'申丰'[J]. 园艺学报，34（4）：1063.

雷长洪，2008. 葡萄采收与包装技术要点[J]. 福建农业（5）：17.

李建华，王春生，2005. 红地球葡萄采收与贮藏技术要点[J]. 果农之友（8）：23-25.

李明，辛守鹏，朱碧云，等，2020. 葡萄新品种妮娜女皇的引种表现和优质栽培技术[J]. 落叶果树，52（2）：38-40.

李秋菊，2007. 葡萄采收与土法贮藏[J]. 山西果树（6）：49-50.

李润开，2008. 葡萄贮藏前后应重视的几项技术[J]. 农产品加工（3）：70-71.

路瑶，段慧，刘昆玉，等，2017. 红地球葡萄花芽分化的观察[J]. 湖南农业科学（9）：77-79.

路瑶，段慧，罗彬彬，等，2017. 常德市4个葡萄品种引种初报[J]. 湖南农业科学（5）：7-9.

明广增，房红军，孟凡真，2005. 葡萄采收前后管理要点[J]. 西北园艺（8）：54.

沈慧，2012. 葡萄贮藏期生理病害防治方法[J]. 农村新技术（12）：34.

石雪晖，杨国顺，金燕，2014. 南方葡萄优质高效栽培新技术集成[M]. 北京：中国农业出版社.

石雪晖，杨国顺，刘昆玉，2019. 图解南方葡萄优质高效栽培[M]. 北京：中国农业出版社.

陶诗雨，李忠明，李蓓蓓，2016. 巨峰葡萄采收贮藏保鲜技术研究进展[J]. 食品工业（11）：240-243.

童军茂，1998. 葡萄贮藏的几个技术问题[J]. 新疆农垦科技（9）：57-59.

王忠跃，2017. 葡萄健康栽培与病虫害防控[M]. 北京：中国农业科学技术出版社.

韦静波，杨亚蒙，李灿，等，2021. 葡萄新品种浪漫红颜在洛阳平原地区的引种表现与栽培技术[J]. 果农之友（3）：5-6.

薛萍，付宏岐，王录军，等，2017. 鲜食葡萄采后微生物病害及防治[J]. 山西农业科学（11）：75-77.

杨淑芬，2005. 巨峰葡萄贮藏保鲜技术要点[J]. 中国农技推广
　（8）：36.

杨治元，陈哲，王其松，2018. 彩图版阳光玫瑰葡萄栽培技术[M].
　北京：中国农业出版社.

于千桂，2011. 葡萄贮藏期的四大病害防治[J]. 果农之友（9）：28-29.

张化阁，2009. 中国野生葡萄抗根瘤蚜的特性鉴定及根瘤蚜年消长
　动态研究[D]. 长沙：湖南农业大学.

赵英，2014. 设施葡萄采收包装及贮藏保鲜技术[J]. 农业科技与信息
　（16）：27-28.

附录1 葡萄健康生产周年管理时间表

葡萄优质果生产口诀

高有机质	旺树栽培	开沟起垄	大根冠比
大叶果比	保果膨果	强化钙硒	前期保湿
后期控水	适时套袋	穗型标准	分批采收

鲜食葡萄周年管理简表

物候期	田间管理	树体管理	病虫防治
休眠期	彻底清园	冬季修剪，剥老树皮	
伤流期	栽支柱、拉铁丝	新苗栽植前消毒	喷清园药剂
萌芽前后	覆棚膜，灌催芽水，铺黑色膜，视情况施催芽肥	抹芽	地面、架材、枝蔓再次仔细清园消毒，彻底杀灭病虫源
展叶后至开花前	施催条肥、中耕除草	定枝、除卷须、绑蔓、摘心	主要预防灰霉病、穗轴褐枯病、绿盲蝽
开花期	疏花、花序整形	摘心，保花保果，无核化处理，追施硼、锌、钙、镁肥	严禁花期喷药，开花前后重点预防灰霉病、穗轴褐枯病、绿盲蝽

（续表）

物候期	田间管理	树体管理	病虫防治
幼果生长期	施壮果肥，中耕松土除草	疏果定产，膨果处理，套袋，喷钙肥	套袋前用预防性杀菌剂喷果穗，重点预防灰霉病、白粉病
果实成熟期	施催熟肥	叶面喷磷钾肥、钙肥	摘除病果、病叶、黄叶，重点预防炭疽病、酸腐病、粉蚧
果实采收后	采后及时施还阳肥，秋季行间深耕施基肥	叶面喷施尿素，保护秋叶	主要防治霜霉病
落叶期		开始冬剪	

一、休眠期

（一）冬季修剪

葡萄完全落叶后，一般选择中庸枝采用短梢修剪为主，中长梢修剪为辅的修剪方式。弱枝和旺枝花芽分化差，冬剪时尽可能地剪除。

（二）剥除树皮

利用休眠期剥除老树皮，特别是粉蚧、虎天牛、叶甲发生过的园区，应彻底剥除老树皮，铲除越冬虫卵。

（三）全面清园

冬季修剪全部完成后，及时将修剪后的枝蔓，剥除的树皮，田间的残枝、烂叶、杂草一并运出园区集中处理。

（四）打破休眠

若冬季气温总体偏暖，葡萄休眠时需冷量不够，会导致萌芽不整齐、新梢长势不旺等情况。可使用单氰胺涂抹冬芽，起到提早萌芽，新梢生长整齐的效果。

二、伤流期

（一）棚架整修

老结果园和建园标准低、特别是采用水泥柱、竹拱的简易避雨栽培园，应在盖膜之前对棚架设施进行一次全面彻底的安全检查，注意检查断裂的水泥柱、四周拉线、吊线、腐朽的竹弓、生锈铁丝等部位的安全隐患，确保棚架设施安全。

（二）开沟沥水

低洼园应对主排水沟、支排水沟进行清淤除杂，保证主排水沟深度达到1.5m以上，支排水沟深度达到1m以上，垄沟深度达到0.3m以上。确保园内不渍水，雨停水干。

（三）首次杀菌

绒球期用3～5波美度石硫合剂对葡萄园进行一次全面的杀菌消毒。

（四）施催芽肥

第一年结果的树和地力差、树势弱、需要扩大树冠的多年结果园需要追施催芽肥。催芽肥以氮、钾为主，同时注意锌、硼等微量元素的补充。长势强、树势旺的葡萄园不需要追施催芽肥。

三、萌芽前后

（一）二次杀菌

展叶初期建议用辛菌胺醋酸盐等性质温和的杀菌剂对全园再进

行一次彻底的杀菌消毒。喷雾必须周到全面，对地面、棚架设施、枝蔓、田间杂物仔细喷洒，彻底杀灭病虫源。

（二）抹芽

抹芽一般分两次进行，第一次是绒球期，抹除副芽和位置不当的芽，特别是第一年结果的树，应尽早将主干中部和下部的芽全部抹除。第二次是刚展叶时，抹除晚萌发的弱芽和无生长空间的过密芽。

（三）水分管理

萌芽期应满足植株需水，保持土壤湿度维持在60%左右。

四、展叶后至开花前

（一）施催条肥

第一年结果的园和长势弱的园，需要追施催条肥，以氮、钾肥为主。同时搭配海藻精、氨基酸水溶液等。

（二）中耕除草

在葡萄行间和株间进行中耕除草，保持土壤疏松和无杂草状态，避免开花坐果时土壤养分、水分被杂草争夺。

（三）盖避雨膜

3月底至4月初盖避雨膜，避雨膜应选用正规厂家生产的耐高温长寿专用避雨膜。

（四）调节剂促梢

展叶3～4叶时，生长势弱的树，用0.1%噻苯隆500倍液喷新梢，旺树不用喷。

（五）枝梢管理

（1）定枝。当新梢生长至能看到花序时按18～20cm的间距进行定枝。一般去除生长过旺或过弱的新梢，保留长势中庸且着生良好花序的新梢。

（2）去卷须。当新梢生长至出现卷须时，及时去除新梢上和花穗上的卷须。

（3）绑蔓。当新梢生长至50cm左右时，及时均匀绑蔓，保持架面通风透光，减少病虫害的发生，创造有利于开花坐果的条件，绑蔓必须在开花前完成。

（4）摘心。开花前需要对主梢与副梢进行摘心处理，以促进坐果。摘心时间和程度视生长势而定，一般在花序以上留3叶左右摘心。

（5）副梢处理。一般可在副梢长至3~5cm时处理。树势旺、花穗受病害侵染或遇不利开花坐果的天气时，应提早处理副梢，控制营养生长、促进坐果和花芽分化质量。

（六）水分管理

新梢生长及开花前需满足植株需水，保持土壤湿度维持在60%以上。

（七）叶面施肥

叶面重点喷施硼、锌肥，同时注意钙、镁元素的补充。

（八）病虫防治

每次施药时重点喷花穗，特别注重灰霉病、穗轴褐枯病、黑痘病的防治，虫害主要为绿盲蝽、蓟马、蚜虫。

五、花期

（一）拉花

根据不同品种特性，结合生产需要、树势情况等，可用生长调节剂处理花序，起到拉长花序、简化修剪、提高产量的目的。

（二）疏花

开花前必须疏花，1根新梢只保留1个发育良好的花穗。一般保留穗尖起16~22个小穗轴，同时将花穗修剪至单层。

（三）副梢处理

花序以下副梢全部去除，花序及花序以上副梢保留1叶绝后，顶部副梢让其继续生长。

（四）无核保果

在满花后48h之内分批用保果药剂浸果穗，若保果前遇连续阴雨天气，建议适当提前1~2d进行保果，否则有严重落花落果的危险。保果最好在技术人员指导之下进行，且建议使用专用保果剂。

（五）叶面追肥

注意叶面补充钙、镁、硼、锌等中微量元素。

（六）病虫防治

严禁花期喷药，在开花前后重点预防灰霉病、穗轴褐枯病。

六、幼果生长期

（一）施壮果肥

开花前1周施一次钙肥，谢花后和坐果后，可再施一次钙肥。同时加入海藻精或腐殖酸。该期要注重高氮肥与平衡肥的施入。

（二）中耕除草

在葡萄行和株间进行中耕除草，保持土壤疏松和无杂草状态。

（三）疏果定产

疏果前应先计划产量，产量应根据树龄、树势、新梢生长状况、种植密度、管理水平等方面确定单穗重、单穗果粒数和单株留穗数。在果粒绿豆大小时开始疏果，为预防因疏果发生日灼、气灼，疏果应选择阴天或晴天下午进行。

（四）调节剂控梢

如树势生长过旺，套袋前可使用15%调环酸钙800倍液喷新梢。套袋后可用25%缩节胺600倍液，专喷新梢顶部，能有效控制枝梢旺长，减少副梢处理的工作量，促进花芽分化。

（五）膨果处理

保果后一般10d后进行膨果处理。

（六）果实套袋

疏果工作完全完成后，果实进入硬核期，套袋前喷施保护性药剂，药液干后套袋。

（七）叶面追肥

花前花后应注意补充钙、镁、硼、锌等中微量元素。

（八）水分管理

幼果生长期需满足植株需水，保持土壤湿度维持在60%以上。

（九）病虫防治

套袋前用预防性杀菌剂喷果穗，重点预防灰霉病、霜霉病、白粉病、黑痘病、炭疽病以及日灼、气灼，同时应该注意绿盲蝽、金龟子、粉蚧的防治。

七、果实成熟期

（一）施催熟肥

果粒开始变软时，催熟肥主要以磷、钾肥为主。可加入适量的腐殖酸、鱼蛋白、黄腐酸钾等。

（二）中耕除草

根据园内杂草情况中耕除草，保持土壤疏松状态。

（三）叶面追肥

喷磷酸二氢钾、钙肥及海藻精等。

（四）检查果袋

定期检查袋内情况，摘除病果、病叶、黄叶。

（五）水分管理

成熟期需控制水分供应，土壤湿度控制在40%左右。

（六）病虫防治

重点预防炭疽病、白腐病、酸腐病、粉蚧、红蜘蛛等。

八、果实采收至完全落叶

（一）果实采收

在果穗底部果粒最低糖度达到品种采收标准时开始采收。最好做到分期分批采摘，能有效保证果实品质一致性。采收时果穗单层码放，切勿堆压。

（二）施还阳肥

果实采后需追施一次还阳肥，施入少量高氮高钾肥即可。

（三）施基肥

果实采收后必须要秋施基肥，以有机肥为主，结合磷、钾肥混合施入。一般在新梢停止生长、果实采收后，深耕30cm后埋入肥料，并及时灌水保湿。

（四）叶面施肥

喷施尿素与磷酸二氢钾混合液。

（五）水分管理

果实采收后需控制水分，抑制枝叶继续生长，促使枝叶营养回流到根系，土壤湿度控制在40%左右。

（六）病虫防治

主要预防霜霉病，保护秋叶。

附录2　葡萄生产推荐用药

　　贯彻"预防为主，综合防治"的植保方针。以农业防治为基础，提倡生物防治，按照病虫害的发生规律科学使用化学防治技术。所有使用的农药必须是国家绿色食品允许使用的农药。

　　化学防治应做到对症下药，适时用药；注重药剂的轮换使用和合理混用；按照规定的浓度、每年的使用次数和安全间隔期（最后一次用药距离果实采收的时间）要求使用。对化学农药的使用情况进行严格、准确的记录。

葡萄主要病害发生时期及防治方法简表

主要病害	主要发病时期	综合防治方法
灰霉病	花序分离期至幼果膨大期，连续阴雨易发生	冬季彻底清园，消灭病源。及时疏枝、摘心、绑蔓、中耕、除草。萌芽前喷5波美度石硫合剂。前期预防为主，喷波尔多液等保护性的杀菌剂，如发病，用腐霉利或嘧霉胺或甲基硫菌灵治疗
炭疽病	果实硬核期始发，果实成熟期进入发病高峰	冬季彻底清园，及时摘心、绑蔓、中耕、除草，创造良好通风透光条件。萌芽前喷5波美度石硫合剂。5月下旬开始，每隔15d左右分别喷一次退菌特、福美双、苯醚甲环唑等

（续表）

主要病害	主要发病时期	综合防治方法
霜霉病	成熟期至采收后，春、秋低温，多雨多露易发生	萌芽前喷5波美度石硫合剂，及时摘心，疏枝绑蔓。在发病前喷波尔多液进行保护，发病初期用烯酰吗啉或嘧菌酯悬浮液等治疗
白腐病	谢花后始发，果实成熟前15d进入盛发期	冬季彻底清园。萌芽前喷5波美度石硫合剂。发病前喷洒广谱性杀菌剂。发病后每7～10d喷一次福美双、嘧菌酯、百菌清、代森锰锌治疗
白粉病	新梢生长期至秋季发生	彻底清园。萌芽前喷5波美度石硫合剂。发病后用三唑铜液、苯醚甲环唑治疗
黑痘病	萌动展叶始发，果实膨大期盛发，秋季阴雨时易发生	彻底清园。萌芽前喷5波美度石硫合剂，开花前后喷波尔多液或百菌清进行保护，如发病，用氟硅唑、苯醚甲环唑、嘧菌酯治疗
穗轴褐枯病	花序分离期，花期遇低温多雨时易发生	彻底清园。萌芽前喷5波美度石硫合剂，加强果园通风透光，重施有机肥。如发病，用嘧菌酯悬浮液、苯醚甲环唑、腐霉利、甲霜灵治疗
日灼病	幼果膨大期，幼果遇强光照射或温度剧变时易发生	合理施肥灌水、增施有机肥。浆果期遇高温干旱天气及时灌水。保持土壤良好透气性。合理负载，尽早套袋

葡萄主要虫害发生时期及防治方法简表

主要虫害	主要发生时期	综合防治方法
绿盲蝽	整个生育期都有发生	越冬前清园。剥除老树皮，剪除有卵枯枝及残桩，带出园外。用频振式杀虫灯、粘虫板、性激素诱杀成虫。药剂可选用吡虫啉、啶虫脒、高效氯氰菊酯、阿维菌素等
蓟马	展叶后开始为害，10月以后为害明显减轻	诱虫板诱杀成虫。药剂可用吡虫啉、齐螨素乳油、阿维菌素、抗蚜威
葡萄粉蚧	7—9月是为害的主要时期	越冬前清园。药剂可选用吡虫啉、啶虫脒等
葡萄透翅蛾	7—10月为害	采用水盆诱杀器或黏胶诱杀器进行诱捕。药剂可用50%杀螟松乳剂或50%辛硫磷乳剂等
葡萄短须螨	3月下旬葡萄发芽时活动，7—8月是发生盛期	早春喷5波美度石硫合剂。药剂可选用双甲脒乳油、克螨特、霸螨灵等，应交替轮换用药。保护天敌，尽量少用广谱性杀虫剂
葡萄斑叶蝉	翌年3月发芽时。潮湿、杂草丛生、透风透光不好的果园发生多、受害重	冬季清园，合理整枝，通风透光，尽量少喷广谱性杀虫剂，保护寄生蜂卵。可于5月中下旬用50%杀螟松乳油、75%辛硫磷乳剂、25%速灭威可湿性粉剂等
斑衣蜡蝉	翌春抽梢后开始为害	结合冬剪刮除老蔓上的越冬卵块。药剂可用溴氰菊酯
葡萄天蛾	4月下旬至10月下旬发生	休眠期人工挖除越冬蛹。药剂可选用50%杀螟松乳油、2.5%溴氰菊酯、青虫菌等

（续表）

主要虫害	主要发生时期	综合防治方法
金龟子	5月中旬至6月下旬是发生盛期	药剂可选用菊酯类药剂，也可诱杀和捕杀成虫
蜗牛	4—6月为害，9月再次进入为害盛期	可人工捕杀，撒生石灰。药剂可用密达、蜗牛灵、蜗克星、30%除蜗特
葡萄叶甲	5月中旬成虫开始为害，一直持续到7月下旬	刮除老树皮，清除叶甲卵。药剂可用3%杀螟松粉剂、2.5%溴氰菊酯、5%来福灵
葡萄虎天牛	5—8月为害	剪除虫枝。药剂可用杀螟松与二溴乙烷（1∶1）混合乳油等
葡萄根瘤蚜	5月中旬至6月和9月为害最盛	严格检疫，土壤用50%辛硫磷乳剂处理